مفاهیم اصلی در زیست شناسی و کاربرد آن

مفاهیم اصلی در زیست شناسی و کاربرد آن

نازیلا نیّری

AuthorHOUSE®

AuthorHouse™
1663 Liberty Drive
Bloomington, IN 47403
www.authorhouse.com
Phone: 1-800-839-8640

Published by AuthorHouse   02/08/2013

ISBN: 978-1-4772-4362-6 (sc)
ISBN: 978-1-4772-4572-9 (e)

فهرست مطالب

تقدیم به اساتید دانشمند و آزاد منش ایرانی و دانش پژوهانشان که همواره ستارگان فروزان علم و هدایت در سراسر گیتی بوده اند.

پیشگفتار

این کتاب ترجمه و تألیفی است از کتاب درسی و پرفروش Biology: Concepts and Applications که برای پنجمین بار در 29 ژانویه 2002 توسّط نویسندهٔ موفق خانم Cecie Starr به نگارش درآمده است.

بخش مفاهیم اصلی شامل نکات مهم و کلیدی هر فصل بوده و قسمت خود آزمائی (Self-Quiz) سؤالاتی اساسی در مورد آن فصل مطرح می کند.

اینجانب تلاش کرده ام با تفسیر نمودارهای اصلی مؤلف و توضیح کلمات و عبارات تخصصی هر فصل در بخش واژه نامه (Terminology) فراگیری مطالب این کتاب را هر چه بیشتر آسان گردانم. دانشجویان کالج و مقاطع پیش دانشگاهی می توانند با مطالعهٔ عمیق و دقیق هر فصل و پاسخگوئی به سؤالات خود آزمائی که در پایان آن فصل ذکر شده و همچنین مسائل ژنتیک بطور هدفمند و مؤثری خود را برای آزمون های زیست شناسی آماده کنند.

امیدوارم این ترجمه و گرد آوری خدمتی باشد هر چند اندک به جامعهٔ علمی و دانش پژوهان ایرانی در سراسر جهان.

خواهشمندم نظرات و پیشنهادات خود را در مورد این تألیف به ای- میل اینجانب: sayevosahel@yahoo.co.uk ارسال فرمائید.

فصل ۱ مفاهيم وقواعد زيست شناسي

مفاهيم اصلي

در جهان حيات وحدانيت وجوددارد زيرا همه موجودات زنده در جنبه هاي اصلي بهم شبيهند. آنها از يك يا چند سلول تشكيل ميشوند كه از اتمها و مولكولهاي يكساني درست شده و به روشهاي اصلي و همانندي كنار هم قرارمي گيرند. در فعاليت هاي خود (متابوليسم) به انرژي نياز دارند كه بايد آن را از محيط اطرافشان دريافت كنند. همه موجودات زنده شرايط متغير محيط خود را حس كرده و به آن پاسخ ميدهند. همه آنها ظرفيت رشد وتوليد مثل دارند كه بر اساس دستورالعمل هاي موجود در DNA است. جدول زير اين ويژگيها را فهرست ميكند:

خلاصه اي از ويژگيهاي اصلي حيات:
ويژگيهاي مشتركي كه وحدانيت حيات را منعكس مي كند: ۱. موجودات زنده از يك يا چند سلول ساخته ميشوند. ۲. موجودات زنده از اتمها و مولكولهاي يكساني ساخته شده اند كه قوانين انرژي يكسان دارند. ۳. موجودات زنده در سوخت وساز درگير شده و از انرژي و مواد كسب شده براي بقاء و توليد مثل استفاده ميكنند. ٤. موجودات زنده محيط داخلي وخارجي خود را حس كرده وبه آنها پاسخ هاي كنترل شده ميدهند. ٥. دستورالعملهاي وراثتی رمزگذاري شده در DNA ي موجودات زنده ، ظرفيت رشد و توليد مثل را به آنها ميدهد. همچنين اين دستورالعملها نمو موجودات پيچيده پرسلولي را هدايت ميكند. ٦. ويژگيهاي تعريف كننده يك جمعيت ميتواند در طي نسل ها تغييريافته وجمعيت را به تكامل برساند.
مباني تنوع حيات: ۱. جهش ها (كه تغييرات قابل توارث در ساختار مولكولهاي DNA هستند) تغييرات بسياري در ويژگيهاي وراثتي بوجود مي آورند مثل جزئيات شكل بدن ، عمل، و رفتار. ۲. تنوع به مجموعه تغييراتي گفته ميشود كه در طي ۳/۸ بيليون سال قبل از راه انتخاب طبيعي وساير فرآيندهاي تكاملي در اجداد مختلف ذخيره شده اند.

در جهان حيات تنوع و گوناگوني بسيار ديده ميشود. در حال حاضر ميليونها نوع مختلف گونه زنده در زمين ساكنند. ميليون هاي بيشتري در گذشته ساكن بوده كه ديگر منقرض شده اند. برخي از ويژگيهاي گونه ای منحصر به فردند مثل طرح بدن و وظايف آن، رفتار.

طرح رده بندي گونه ها با جنس (Genus) شروع شده و تا Family (تيره ،خانواده)، Order (راسته)، Class (رده)، Phylum (شاخه)، و Kingdom (سلسله) ادامه مي يابد.

سلسله مراتب تشكيلات زيستي شامل سلول ها، موجودات پرسلولي، جمعيت ها، جوامع، اكوسيستم ها، وكره زنده(biosphere) ميباشد.

جهش ها عامل ايجاد تنوع حياتی بوده و اساس تغيير ويژگيهاي وراثتي اند. اين ويژگيها ازراه والدين به فرزندان اعطاء شده و شامل جزئيات شكل بدن و عمل آن مي باشد.

تئوري هاي تكامل بويژه تئوري تكامل از طريق انتخاب طبيعي كه بوسيله چارلز داروين تدوين شده تنوع حيات را توضيح ميدهد. اين تئوري ها زمينه هاي تحقيق در زيست شناسي را بصورت يك تئوري منفرد و منطقي مربوط مي سازد. تحقيقات بيولوژيكي برمبناي تئوري تكاملي داروين از راه انتخاب طبيعي انجام ميگيرد. اصول اين تئوري عبارتند از:

a . افراد يك جمعيت در جزئيّات ويژگيهاي وراثتي مشترك خود باهم تفاوت دارند. اين ويژگيها قادرند برتوانائي بقاء و توليد مثل اثر گذارند.

b . انتخاب طبيعي نتيجهَ اختلاف در بقاء و توليد مثل افراديست كه در يك يا چند ويژگي با هم متفاوتند. ويژگي های سازوارپذير عموميت بيشتري پيدا می كنند. ويژگيهائی كه قابليت انطباق كمتر دارند عموميت

كمتري يافته يا ناپديد مي شوند. بنابراين ويژگيهاي معين در طي نسلهاي متوالي تغيير كرده و جمعيت تكامل می يابد.

زيست شناسي نيز مانند شاخه هاي ديگر علم برپايهٔ مشاهدات، فرضيات، پيشگوئيها و آزمايشات تجربي مي باشد. زمينهٔ آزمايش نظريات علمي، جهان خارجي است نه اطمينان دروني.
روشهاي تحقيق علمي متنوع بوده و جنبه هاي مهم آن عبارتند از:
a . نظريه (Theory): توضيح وتفسير پديده هاي مرتبط كه ازراه آزمايشات متعدد حمايت ميشود، مثل تئوري تكاملي داروين براساس انتخاب طبيعي.
b . فرضيه (Hypothesis): شرح و تفسير يك پديده ويژه. بعضي مواقع حدس فرهيخته خوانده ميشود.
c. پيشگوئي (Prediction): پيش بيني يک مورد طبيعی كه اساس آن يك نظريه يا فرضيه است.
d . آزمايش (Test): ارائهٔ مشاهدات واقعي كه با مشاهدات پيش بيني شده و قابل انتظار مطابقت كند.
e . نتيجه گيري (Conclusion): اعلام قبول، تغيير يا رد يك تئوري يا فرضيه كه براساس آزمايش پيشگوئيهاي آن صورت گيرد.

منطق، نمونه تفكری است كه در آن نتيجهٔ گرفته شده با دليل آن نتيجه گيري تناقضي ندارد. در منطق قياسي يا استنتاجي (Inductive logic) افراد از مشاهدات ويژه يك بيان كلي استنتاج ميكنند. در منطق استقرائي (Deductive logic) از آثار يک فرضيه و پيشگوئي های آن نتيجه گيري ميشود. اين الگوي تفكر بصورت عبارت " اگر —— آنگاه—— " بيان ميشود.

پيشگوئي هاي يك فرضيه ميتوانند از راه مشاهدات فراگير يا آزمايشهاي طبيعي مورد آزمايش قرارگيرند. آزمايشهاي تجربي مشاهدات طبيعی را ساده ميكند زيرا شرايط انجام مشاهدات را ميتوان با دقت و مهارت كنترل كرد. آنان براين اساسند كه هر وضع طبيعي يك يا چند دليل توضيح دهنده آشكار يا ناآشكار دارد. با چنين فرضي از علت ومعلول، تنها فرضياتي را ميتوان علمي شمرد كه عدم صحتشان را بتوان از راه آزمايش نشان داد.

گروه كنترل معياري است كه با آن يك يا چند گروه آزمايشي ديگر (گروههاي تست) مقايسه ميشود. متغيرهاي گروه كنترل باستثناي متغيري كه مورد تحقيق قرار گرفته، در شرايط ايده آل شبيه متغيرهاي گروه آزمايشي اند. يک متغير، وضعيت معين يك شئ يا رويداد است كه در طي زمان و بين افراد متفاوت ميباشد. آزمايندگان يك متغير را بطور مستقيم براي تائيد يك پيشگوئي يا تكذيب آن مورد مطالعه قرارميدهند.

خطاي نمونه برداري ميتواند نتايج آزمايشها را تحريف كند. خطاي نمونه برداري تفاوتهاي احتمالي بين يك جمعيت، رويداد، يا ساير اوضاع طبيعي و نمونه هاي انتخابي مبيّن آن است. اگر نمونه برداريها زياد و به تكرار صورت گيرد، احتمال تحريف كمتر است.

منشأ نظريات علمي مشاهدات اصولي، فرضيات، پيشگوئيها، و آزمايشات تجربي است. جهان خارج زمينه آزمايش اين نظريات است.

خودآزمائي Self-Quiz

۱. ____ توانائي يک سلول در استخراج انرژي از منابع محيط و تغيير شكل و استفاده از آن در رشد، نگهداري و توليد مثل ميباشد.
۲. محيط داخلي در وضعيت ——— در محدودهٔ مجاز و متعادل برقرار است.
۳. كوچكترين واحد حيات____ است.
٤.يک صفت وراثتی كه براي بقاء و توليد مثل خود در محيط تغييراتي حاصل كند، يك صفت ——— است.
٥. ظرفيت تكامل به تغييرات صفات ارثي بستگي دارد كه منشأ آن ——— ميباشند.
٦. شما خصوصياتي داريد كه در اجداد پدر و مادر بزرگتان نيز حضور داشت كه مثال يک ——— است.

a) متابوليسم
b) هومئوستازي
c) گروه كنترل
inheritance (d (وراثت)

۷. مولكول هاي DNA:

a) شامل فرامين صفات وراثتي اند.

b) جهش مي يابند.

c) از والدين به فرزندان منتقل مي شوند.

d) همهٔ موارد

۸. يك گاودار در طي ساليان متمادي فقط به گاوهاي شيرده خود اجازه جفتگيري داد، نه به گاوهاي كم شير. توليد شير در طي نسلها افزايش يافت. اين نتيجه مثالي از ———— است.

a) انتخاب طبيعي   b) انتخاب مصنوعي

c) تكامل   d) موارد b و c

۹. گروه كنترل:

a) گروه معيار است كه گروههاي آزمايشي با آن مقايسه مي شود.

b) باستثناي يك متغير (variable) همانند ساير گروههاي آزمايشي است.

c) يك وسيله سنجش چند متغيره است كه يك گروه آزمايشي با آن مقايسه مي شود.

d) موارد a و b

۱۰. جنبهٔ معين يك شئ (object) يا رويداد (event) كه ميتواند در طي زمان يا بين افراد تغيير كند، يك ———— است.

a) گروه كنترل   b) گروه آزمايشي

c) متغير (variable)   d) خطاي نمونه برداري

۱۱. هر چه تعداد افراديكه بطورشانسي از بين يك جمعيت براي آزمايش انتخاب مي شوند كمتر باشد:

a) احتمال خطاي نمونه برداري بيشتر است.

b) احتمال خطاي نمونه برداري كمتر است.

c) تفاوتهاي بين آنان نتايج آزمايش را كمتر تحريف (distort) مي كند.

۱۲. عبارات زير را با مناسبترين توضيح آن مطابقت دهيد:

a) شرح يك موضوع كه در صورت جستجو در طبيعت يافت شود.   adaptive trait ————

b) شرح پيشنهاد شده، حدس فرهيخته (educated)   natural selection ————

c) شانس بقاء و توليد مثل را در محيط افزايش ميدهد.   scientific theory ————

d) مجموعه فرضيات مرتبط كه يك تعريف بسيار مفيد و آزمودني را ارائه دهد.   hypothesis. ————

e) اختلاف در بقاء و توليد مثل افراد كه در جزئيات چند خصوصيت باهم متفاوتند.   prediction. ————

4

فصل ۲_ اساس شيميايي سلول ها

مفاهيم اصلي

علم شيمي ما را در درك ماهيت مواد سازندهٔ سلولها، موجودات زنده، كرهٔ زمين، آبها، و اتمسفر ياري ميدهد. هر ماده از يك يا چند عنصر ساخته ميشود. از۹۲ عنصري كه بطور طبيعي يافت ميشوند، متداولترين آنها در موجودات زنده عبارتند از :اكسيژن، كربن، هيدروژن و نيتروژن. همچنين موجودات زنده مقادير كمي از عناصر ديگر مثل كلسيم، فسفر، پتاسيم و گوگرد (sulphur) دارند.

عناصر از اتمهايي ساخته ميشوند كه كوچكترين واحد ماده بوده و خواص آن عنصر را نشان ميدهند. هر اتم يك يا چند پروتون با بار مثبت، تعداد مساوي الكترون با بار منفي و (باستثناي اتم هيدروژن) يك يا چند نوترون بدون بار دارد.
تعداد پروتونها و الكترونها با هم برابرند. ممكن است تعداد نوترونهاي آنها قدري با هم فرق كند. پروتونها و نوترونها منطقه مركزي يا هسته اتم را اشغال ميكنند. اشكال مختلف اتمهاي يك عنصر ايزوتوپ ناميده ميشود.

بيشتر عناصر ايزوتوپ دارند. ايزوتوپها دو يا چند نوع از اتمهاي يك عنصرند كه تعداد پروتونهاي مساوي و نوترونهاي متفاوت دارند.

اتم فاقد بار خالص است ولي ميتواند يك يا چند الكترون داده يا بگيرد و تبديل به يون شود كه بار مثبت يا منفي دارد. يون اتم يا مولكولي است كه يك يا چند الكترون از دست داده يا گرفته است. با يك الكترون اضافي، بار منفي شده ؛ با از دست دادن يك الكترون، بار مثبت ميشود.

فعل و انفعال يك اتم با اتمهاي ديگر (interaction) ، به تعداد و ترتيب قرار گرفتن الكترونهاي آن بستگي دارد كه اربيتال ها را اشغال كرده و اربيتالها پوسته هاي فضا دار در اطراف هستهٔ اتم ميباشند. هنگاميكه اربيتال هاي خارجي ترين پوستهٔ يك اتم پُر نباشد، اين اتم متمايلست با اتمهاي عناصر ديگر پيوند شيميايي برقرار كند. معمولا يك پيوند شيميايي پيوند بين ساختار الكتروني اتمها است.

تشكيلات مولكولي وفعاليتهاي موجودات زنده بطورعمده نتيجهٔ پيوندهاي هيدروژني، كووالانسي، و يوني بين اتمهااست.
a. يونهاي مثبت و منفي درپيوند يوني به علت جاذبهٔ دوطرفهٔ بارهاي مخالفشان كنارهم مي مانند.
b. اتمها غالبا يك يا چند جفت الكترون درپيوندهاي كووالانسي يگانه، دوگانه، وسه گانه تقسيم مي كنند. درپيوند كووالانسي غيرقطبي تسهيم الكتروني با هم مساوي بوده ودرپيوند كووالانسي قطبي اين تسهيم نامساوي (unequal)است. اتمهائي كه فعل وانفعال انجام ميدهند هيچگونه بارخالص (Net charge) ندارند ولي رويهمرفته اين پيوند دريك سو قدري منفي ودرسوي ديگرقدري مثبت است.
c. درپيوند هيدروژني اتمي كه پيوند كووالانسي داشته وبارآن قدري منفي است (مانند اكسيژن درمولكول آب) بطورضعيف جذب اتم هيدروژني مي شود كه بارآن قدري مثبت بوده وخود دريك پيوند كووالانس قطبي ديگرشركت دارد.

احتمالا منشأ حيات درآب بوده وبا ويژگيهاي آن سازگاري زيادي پيدا كرده. مهمترين ويژگيهاي آب عبارتند از: اثرتثبيت دما، چسبندگي، و ظرفيت حل يا دفع مواد گوناگون.
پيوندهاي كووالانس قطبي سه اتم را درمولكول آب بهم پيوند ميدهند(دو اتم هيدروژن ويك اتم اكسيژن). قطبيت مولكول آب دليل پيوندهاي هيدروژني بين مولكولهاي آب است. اين پيوند هيدروژني اساس مقاومت بيشترآب نسبت به سايرمايعات دربرابر تغييرات دما ، چسبندگي داخلي(Internal cohesion)، وآسان حل كردن مواد قطبي يا يوني مي باشد. اين خواص برفعاليت متابوليكي سلولها، ساخت، شكل و تشكيلات دروني آنها تأثير بسزائي دارد.

هرجانداري به توليد، مصرف، و انتقال (disposal) كنترل شدهٔ يون هاي هيدروژن وابسته است. مقياس pH نمايانگرعدديست كه غلظت H^+ در محلول را نشان ميدهد. اين مقياس ازصفر كه بالاترين غلظت است تا ۱۴ كه پايين ترين است تغييرميكند. در۷ =pH غلظت H^+ برابراست با OH^-. اسيدها H^+ درآب آزاد

میکنند وبازها با آن ترکیب میشوند. سیستم هاي بافر* به نگهداري pH خون، مایع بافتي ومایع درون سلول کمك میکنند. جدول زیر عبارات اصلي شیمي دراین کتاب را برایتان خلاصه میکند:

ایفاگران مهم شیمي حیات	
عنصر	شکل اصلي ماده که جرم دارد وفضا را اشغال میکند ونمي توان آن را با وسائل متداول فیزیکي و شیمیایي به فرم دیگري تجزیه کرد.
اتم	کوچکترین واحد یك عنصرکه خواص آن عنصررا حفظ میکند.
پروتون (P^+)	جزئي ازهستهٔ اتم که بارمثبت دارد. همهٔ اتمهاي یك عنصر پروتونهاي مساوي دارند که همان عدد اتمیست. یون هیدروژن (H^+) یك پروتون است که فاقد الکترونیست که با سرعت فراوان در اطراف آن بگردد.
الکترون (e^-)	جزء داراي بارمنفي که حجمي ازفضاي اطراف هستهٔ اتم (اربیتال)را اشغال میکند. تعداد الکترونهاي اتمهاي یك عنصربا هم برابرند. الکترون ها میتوانند بین اتم ها تسهیم شده یا نقل وانتقال داده شوند.
نوترون	بار خنثاي هستهٔ اتم ها باستثناي هیدروژن. جرم اتمي یك عنصرتعداد پروتون ها ونوترون هاي هسته است.
مولکول	واحد ماده که درآن دو یا چند اتم عنصرمشابه یا نامشابه بیکدیگر مي پیوندند.
ماده مرکب	مولکولي که ازدویا چند عنصرمختلف به نسبتهاي ثابت ساخته شده مثل مولکول آب.
ماده مخلوط	بهم آمیختن دویا چند عنصردرنسبتهاي مختلف.
ایزوتوپ	دو یا چند نوع ازاتمهاي یك عنصرکه تعداد نوترونهاي متفاوت دارند.
رادیوایزوتوپ	ایزوتوپ بي ثبات که پروتونها ونوترونهاي آن نامتعادل بوده وذرات وانرژي خارج میکند.
ردیاب (Tracer)	مولکولي که به رادیوایزوتوپ مي پیوندد. به کمك وسائل ردیاب میتوان حرکت یا مقصد این ماده را دریك مسیر متابولیکي، دربدن و غیره دنبال کرد.
یون	اتمي که یك یا چند الکترون گرفته یا ازدست داده وبارمثبت یا منفي پیدا کرده است.
مادهٔ حل شده درمحلول (Solute)	مولکول یا یوني که در محلول حل شده است.
مادهٔ آب دوست (Hydrophilic)	مولکول یا منطقهٔ مولکولي قطبي که بآساني درآب حل میشود.
مادهٔ آب گریز (Hydrophobic)	مولکول یا منطقهٔ مولکولي غیرقطبي که درمقابل حل شدن درآب بشدّت مقاومت کند.
اسید (Acid)	ماده اي که براثرحل شدن درآب H^+ آزاد میکند.
باز (Base)	ماده اي که براثرحل شدن درآب H^+ را مي پذیرد. سپس با حضور واسطه یا بدون آن OH^- تشکیل میشود.
نمك (Salt)	مادهٔ مرکبي که براثرحل شدن درآب یونهاي دیگربجز H^+ و OH^- آزاد میکند

ازاین پس تا پایان کتاب براي درك مفهوم اصطلاحاتي که با علامت * مشخص شده اند مي توانید به بخش واژه نامه (Terminology) مراجعه فرمایید.

خودآزمائي Self-Quiz

۱ . الكترونها حامل بار _____مي باشند.

a) مثبت　　b) منفي　　c) صفر

۲. الكترونها درپيوند —— بطورنامساوي بين اتمها تقسيم ميشوند.

a) يوني　　c) كووالانت قطبي

b) كووالانت غيرقطبي　　d) هيدروژني

۳. يك مولكول آب كداميك ازموارد زيررا نشان ميدهد:

a) قُطبيت　　d) آبدارشدن (hydration) كروي

b) استعداد پيوند هيدروژني　　e) موارد a و b

c) مقاومت قابل توجه دربرابر گرما　　f) همهٔ موارد

۴. گره هاي هيدراته درمايع آب دراطراف _____تشكيل ميشوند.

a) مولكولهاي غيرقطبي　　d) حلال ها (solvents)

b) مولكولهاي قطبي　　e) موارد bو c

c) يونها　　f) همهٔ موارد

۵. يونهاي هيدروژن(H^+):

a) پايه واساس pH اند.　　d) درخون محلولند.

b) پروتونهاي آزاد شده اند.　　e) موارد a و b

c) هدف بافرهاي ويژه اند.　　f) همهٔ موارد

۶. يك _____ براثرحل شدن درآب يون H^+ داده ويك _____ آن يون را ميپذيرد.

۷. عبارات زيررا با مناسبترين توضيح آن مطابقت دهيد.

a) اسيد ضعيف وبازهمكارآن كه بصورت يك زوج درمقابله با تغييرات pH عمل ميكنند.

_____ trace element (عنصر ناچيز)

_____ buffer system

_____ chemical bond

_____ temperature

b) پيوند الكترونهاي دواتم

c) كمتراز 0.01% ازوزن بدن

d) اندازه گيري حركت مولكول درمناطق معين

فصل ۳ ترکيبات کربني سلول ها

مفاهيم اصلي

ترکيبات آلي ستوني ازيك يا چند اتم کربن ميباشند که به آن اتمهاي هيدروژن، اکسيژن، نيتروژن و سايراتمها متصلند. غالبا اتمهاي کربن براي تشکيل يك ستون خطي يا حلقوي بصورت کووالانسي بهم پيوسته وگروههاي عمل کننده به اين ستون وصل ميشوند. ظرفيت جمع آوري ترکيبات آلي مانند هيدراتهاي کربن، چربيها، پروتئينها، و اسيدهاي نوکلئيك توسط سلول تا حدّي مشخص کنندۀ آن سلول است.

سلولها با پهلوي هم قراردادن ترکيبات آلي کوچك موجود درمخازن خود مثل قندهاي ساده، اسيدهاي چرب، اسيدهاي آمينه، و نوکلئوتيدها مولکولهاي حياتي بزرگ را ميسازند.

هيدروکربنها شامل گلوکزوسايرقندهاي ساده و نيزترکيبات آلي حاوي دويا چند واحد قندي هستند که بطريق کووالانسي بهم پيوسته اند. بسياري ازپلي ساکاريدها که پيچيده ترين هيدروکربن هاي موجود درسلو لها ميباشند، ازصدها يا هزاران واحد قندي بوجود مي آيند.
ليپيدها ترکيبات چرب يا روغني هستند که به حل شدن درآب تمايل کمي نشان داده ولي براحتي درترکيبات غيرقطبي مثل سايرليپيدها حل ميشوند. ازليپيدهاي مهم ميتوان چربيهاي خنثي(تري گليسريدها)، فسفوليپيدها، موم ها، واسترول ها را نام برد. سلولها ازهيدروکربن ها وليپيدها به عنوان بلوك هاي ساختماني ومنابع عظيم انرژي استفاده ميکنند.
پروتئين ها نقش هاي گوناگون دارند. بسياري ازآنها بعنوان مواد ساختماني بکارميروند. بسياري ديگرآنزيم هستند يعني مولکولي که سرعت واکنشهاي متابوليکي ويژه رابسياربالا ميبرد. انواع ديگرموادسلولي را انتقال ميدهند، کمك به حرکات سلولي ميکنند، موجب تغييرفعاليتهاي سلول ميشوند، و دربرابرجراحت وبيماري ازبدن دفاع ميکنند.
ATP وسايرنوکلئوتيدها نقش اصلي را درمتابوليسم دارند. DNA و RNA که اسيدهاي نوکلئيك رشته مانندند ازپهلوي هم قرارگرفتن واحدهاي نوکلئوتيدي بوجود آمده واساس وراثت وتوليد مثل ميباشند.

جدول زيرنشان ميدهد که سلولهاي زندۀ طبيعت صرفا ميتوانند ترکيبات درشت آلي بنام مولکولهاي حياتي رابسازند.

ترکيبات آلي اصلي درموجودات زنده		
گروه	زيرگروههاي اصلي	چند مثال بهمراه وظائف آنها
کربوهيدراتها: شامل يك گروه آلدئيدي يا کتوني ويك يا چند گروه هيدروکسيلي هستند.	***مونوساکاريدها*** (قندهاي ساده) ***اليگوساکاريدها*** ***پُلي ساکاريدها*** (کربوهيدراتهاي پيچيده)	گلوکز: منبع انرژي ساکارز(يك دي ساکاريد): رايجترين نوع قند که در سراسرگياه منتقل ميشود. نشاسته، گليکوژن، سلولز: ذخيرۀ انرژي، وظائف بنيادي
ليپيدها: هيدروکربنهاي درشت هستند. معمولا درآب غيرقابل حل بوده ودرمواد غيرقطبي مانند ساير ليپيدها حل مي شوند.	***ليپيدهائي که اسيد چرب دارند:*** گليسريدها: به ستون گليسرولي ($CH_2OHCHOHCH_2OH$)، يك، دو، يا سه دنبالۀ اسيد چرب وصل ميشود.	چربيها(مثل کره)؛ روغن ها(مثل روغن ذرت): ذخيرۀ انرژي

بقيۀ ليپيدها	فسفوليپيدها: به ستون گليسرولي گروه فسفات، يك گروه قطبي ديگر، و(اغلب) دو اسيد چرب وصل ميشود. موم ها: زنجيره هاي بلند اسيد چرب كه به الكل وصل ميشوند. ***ليپيدهائي كه اسيد چرب ندارند:*** استرول ها: چهارحلقۀ كربني؛ تعداد، موقعيت، ونوع گروههاي عمل كننده دراسترول هاي مختلف متفاوت است.	فسفاتيديل كولين: جزء اصلي غشاء سلولها مومهاي كوتين: نگهداري آب در گياه كلسترول: جزئي از غشاي سلول جانوري، پيش مادۀ بسياري از استروئيدها و ويتامين D
پروتئين ها: يك يا چند زنجيرۀ پُلي پپتيدي كه هريك ازچندين هزاراسيد آمينه ساخته شده كه پيوند كووالانسي دارند.	***پروتئين هاي فيبروزي:*** رشته هاي طويل يا صفحات زنجيره هاي پلي پپتيدي كه اغلب سخت بوده ودر آب حل نمي شوند. ***پروتئين هاي كروي:*** يك يا چند زنجيره تا خورده پلي پپتيدي كه گوي سان بهم وصل شده و وظائف زياد در فعاليّت هاي سلول دارند.	كراتين: جزء سازندۀ مو و ناخن كلاژن: جزء ساختماني استخوان آنزيمها: افزودن فراوان برسرعت واكنشها هموگلبين: انتقال اكسيژن انسولين: كنترل متابوليسم گلوكز آنتي باديها: دفاع بافتي
اسيدهاي نوكلئيك(و نوكلئوتيدها): ***آدنوزين فسفات*** زنجيرۀ واحدها (يا واحدهاي منفردند) كه هركدام شامل يك قند ٥ كربني، فسفات، ويك باز نيتروژن دار ميباشد.		ATP: حامل انرژي CAMP(AMP حلقوي): پيك در تنظيم هورمونها NAD^+و$NADP^+$وFAD:انتقال الكترونها وپروتونها(H^+) ازيك سوي واكنش به سوي ديگر. DNA, RNAs : ذخيره، انتقال، وترجمۀ اطلاعات وراثتي

خودآزمائي Self-Quiz

١.هراتم كربن ميتواند جفت الكترونها را با_____ اتم ديگر تقسيم كند.

a) يك b) دو c) سه d)چهار

٢ . هيدروليز* يك واكنش_____ است.

a) انتقال گروه عمل كننده
b) انتقال الكترون
c) نظم وترتيب دوباره (rearrangement)
d)تغليظ
e) تجزيه
f) موارد bوd

۳. ــــــ يك قند ساده (مونوساكاريد) است.
a) گلوكز (۶ كربنه) c)ريبوز (۵ كربنه) e) موارد a وb
b) ساكارز d) كيتين f) موارد a و c

٤. درچربيهاي اشباع نشده، دم هاي اسيد چرب يك يا چند ــــــ دارند.
a) پيوند كووالانت يگانه b) پيوند كووالانت دوگانه
مثال: اسيد لينولنيك، اسيد چرب اشباع نشده ايست كه دردُم آن سه پيوند دوگانه وجود دارد به همين دليل يك Polyunsaturated fatty acid است به فرمول:
$COOH\text{-}C_8H_{15}{=}CH\text{-}C_2H_3{=}CH\text{-}C_2H_3{=}CH\text{-}C_2H_5$

۵. ــــــ به پروتئينها مربوط ميشوند همانگونه كه ــــــ به اسيدهاي نوكلئيك.
a) قندها؛ ليپيدها c) اسيدهاي آمينه؛ پيوندهاي هيدروژني
b) قندها؛ پروتئينها d) اسيدهاي آمينه؛ نوكلئوتيدها

۶. پروتئين يا مولكول DNAئي كه طبيعت وماهيّت آن عوض شده (denatured)، ــــــ خود را ازدست داده است.
a) پيوندهاي هيدروژني c) كاروظيفه
b) شكل d) همهٔ موارد

۷. ــــــ نوكلئوتيد ميباشد.
a) ATP c) زيرواحدهاي RNA
b) زيرواحدهاي DNA d) همهٔ موارد

۸. هرمولكول را با مناسبترين توضيح آن مطابقت دهيد.
______رشتهٔ طويلي ازاسيدهاي آمينه
______ اصلي ترين ناقل انرژي
______ گليسرول، اسيدهاي چرب، فسفات
______دورشتهٔ نوكلئوتيدي
______ يك يا چند منومر قندي

a) carbohydrate
b) phospholipid
c) protein
d) DNA
e) ATP

فصل ۴ ساختمان و عمل سلول

مفاهيم اصلي

سه اصل كلي تئوري سلولي عبارتند از:
a . همه موجودات زنده ازيك يا چند سلول ساخته ميشوند.
b. سلول كوچكترين واحدي است كه ويژگيهاي حيات را پيوسته حفظ ميكند، بدين معني كه مستقلاً زندگي كرده يا توانائي مستقل بودن را كه ذاتي وتوارثي (Heritable) آن ميباشد داراست.
c . ازبدوآغاز حيات، هر سلول جديد ازسلولي كه قبلا پديد آمده بوجود مي آيد.

همه سلولها سفرحيات را با يك غشاء پلاسمائي ، قسمتي از DNA ، وسيتوپلاسم شروع ميكنند. غشاء پلاسمائي (كه يك غشاء نازك دولايه اي وبيروني است) ماهيت مشخص سلول را حفظ كرده واجازه ميدهد تا فعاليت هاي متابوليكي سواي وقايع تصادفي محيط پيشرفت كنند. بسياري از مواد و علائم بصورت كنترل شده از غشاء پلاسمائي عبور ميكنند.

همچنين همه سلولها سيتوپلاسم دارند كه يك منطقه سازمان يافته داخلي است وتبديلات انرژي، ساخت پروتئين، حركت بخشهاي سلولي وسايرفعاليتهاي مورد نياز ديگر درآنجا انجام مي گيرد. سيتوپلاسم شامل ريبوزومها، اجزاء ساختماني، مايعات و (فقط در سلولهاي يوكاريوتي) اندامكهائي است كه بين منطقه DNA و غشاء پلاسمائي قرار گرفته اند. تنها سلولهاي يوكاريوتي هستند كه DNAي آنها درون هستهَ غشاء دار جاي مي گيرد. در سلولهاي پروكاريوتي(آركاباكتريا و يوباكتريا)، DNA صرفا در بخشي از درون سلول متمركز ميشود.

غشاء پلاسمائي وغشاهاي دروني سلول چربي و پروتئين دارند. غشاهاي ليپيدي و پروتئيني براي ساختمان وعمل (function) سلول ضرورينــد . ليپيدها(چربيها) بصورت دولايهَ مجاوريعني يك bilayer سازمان مي يابند بطوريكه دُم هاي هيدروفوبيك (آبگريز) درتنگاتنگ بين سرهاي هيدروفيليك (آبدوست) قرار مي گيرند(و اين سرهاي هيدروفيليك در مايع حل ميشوند). اين دو لايه ساختار اوليه غشاء را بوجود آورده و مانع عبور آزادانهَ مواد محلول در آب ميشوند. پروتئينهاي گوناگون در دو لايه فرو مي رود يا در سطح آن قرار مي گيرد. اين پروتئين ها وظائف گوناگون دارند از جمله انتقال مواد محلول در آب از عرض غشاء. بسياري از آنها كانال ها يا پمپ هائي هستند كه مواد محلول در آب از طريق آنها از غشاء دو لايه عبور ميكند، ساير پروتئين ها گيرنده (receptor) هستند و به همين ترتيب.

غشاها سيتوپلاسم سلولهاي يوكاريوتي را به بخشهاي وظيفه دار (اندامكها) تقسيم ميكند. سلولهاي پروكاريوتي چنين اندامكهائي ندارند. غشاهاي اندامكي واكنشهاي متابوليكي درون سيتوپلاسم را از لحاظ فيزيكي جدا كرده و باعث ميشود كه انواع مختلف اين واكنشها با نظم و ترتيب جريان يابد. (بسياري از واكنشهاي مشابه در غشاء پلاسمائي سلولهاي پروكاريوتي جريان مي يابد.)
a. وظيفهَ پوشش هسته اين است كه DNA را از تشكيلات و سازمان متابوليكي (machinery) سوا كند.
b. سيستم cytomembraneشامل شبكه آندوپلاسميك، اجسام گلژي و وزيكول ها مي شود. در اين سيستم بسياري از پروتئينهاي جديد تغيير شكل نهائي پيدا كرده و ليپيدها جمع آوري مي شوند. محصولات توليد شده بسته بندي گرديده و سپس به مقصد خود در درون يا بيرون سلول فرستاده ميشود.
c. ميتوكندري ها در توليد فراوان مولكولهاي ATP تخصص دارند كه اين كار را از طريق واكنشهاي اكسيژن خواه به انجام ميرسانند.
d. كلروپلاستها در تسخير انرژي خورشيد و استفاده از آن در توليد تركيبات آلي تخصص دارند.

نقش اسكلت سلولي (cytoskeleton) شكل دادن به سلول، تشكيلات داخلي و حركت در سلولهاي يوكاريوتي ميباشد. بسياري از سلولها ديواره و ويژه كاريهاي ظاهري ديگر دارند.

جدول ۴.۱ خصوصيات (Defining features) سلولهاي پروكاريوتي و يوكاريوتي را خلاصه ميكند:

جدول ۱.٤ *خلاصه اي از اجزاء اصلي ومعرّف سلولهاي پروكاريوتي ويوكاريوتي*

		پروكاريوتي	يوكاريوتي			
جزء سلولي	كار	آركاباكتريها يوباكتريها	پروتيستان ها (آغازيان)	قارچ ها	گياهان	جانوران
ديوارهَ سلولي	حفاظت، پشتيباني ازساختار سلول	لااقل دربعضي گروهها	لااقل دربعضي گروهها	✓	✓	خير
غشاء سلولي	كنترل موادي كه بدرون وخارج سلول حركت ميكند.	✓	✓	✓	✓	✓
هسته	جدائي فيزيكي وتشكيلات DNA	خير	✓	✓	✓	✓
DNA	برمزنوشتن (encoding)اطلاعات وراثتي	✓	✓	✓	✓	✓
RNA	نسخه برداري، ترجمهَ پيامهاي DNA به زنجيره هاي پلي پپتيدي پروتئينهاي ويژه	✓	✓	✓	✓	✓
هستك	گردآوري زيرواحدهاي ريبوزومي (شامل انواع RNA و پروتئينها)	✓	✓	✓	✓	✓
ريبوزوم	ساخت پروتئين	✓ خير	✓	✓	✓	✓
شبكه آندوپلاسميك(ER)	تغييراوليهَ بسياري اززنجيره هاي پلي پپتيدي پروتئينهاي تازه تشكيل شده، ساخت چربيها	خير	✓	✓	✓	✓
جسم گلژي	تغيير نهائي پروتئينها وچربيها وسواكردن وبسته بندي آنها براي استفاده درداخل سلول يا صدور به خارج آن.	خير	✓	✓	✓	✓

12

لیزوزوم	هضم درون سلولي		✓	لااقل دربعضي گروهها	لااقل دربعضي گروهها	✓
ميتوكندري	تشكيل ATP	در بسیاری از گروهها مسير تشكيل ATP به اكسيژن نيازدارد ولي ميتوكندريها درگير نمي شوند.	✓	✓	✓	✓
رنگدانه هاي فتوسنتز	تغيير و تبديل انرژي نوراني	لااقل دربعضي گروهها	لااقل دربعضي گروهها	خير	✓	خير
كلروپلاست	فتوسنتز، ذخيرهَ مقداري نشاسته	خير	لااقل در بعضي گروهها	خير	✓	خير
واكوئل مركزي	افزايش مساحت سطح سلول، ذخيره	خير	خير	لااقل دربعضي گروهها	✓	خير
تاژك باكتريائي	حركت وجابجائي درمحيط مايع	لااقل دربعضي گروهها	خير	خير	خير	خير
تاژك يا مژك با آرايش ميكروتوبولي	حركت وجابجايي درمايع محيطي	خير	لااقل دربعضي	لااقل دربعضي	لااقل دربعضي	✓

13

۹دسنه لولهَ دوتائي+ ۲ لولهَ مركزي اسكلت پيچيدهَ سلول	شكل سلول، تشكيلات درون آن؛ مبناي حركت سلول و دربسياري از سلولها نقل وانتقال	ابتدائي؛ دست كم دربعضي گونه ها رشته هاي پروتئيني يا Protein filaments داربست ساده اي تشكيل ميدهد كه ديوارهَ سلولي را مورد پشتيباني قرارميدهد.	گروهها لااقل در بعضي گروهها	گروهها لااقل در بعضي گروهها	گروهها لااقل در بعضي گروهها	✓

14

در هنگام رشد، حجم سلول سریعتر از سطح آن افزایش مي یابد. این محدودیت فیزیکي بر اندازهَ سلول ، شکل و طرح بدن موجودات پر سلولي اثر مي گذارد.

میکروسکوپهاي مختلف پرتوهاي نوراني را تغییر داده یا پرتوهاي الکتروني را شتاب میدهند و ما را به تهیه تصاویري از نمونه هاي بسیار بسیار ریزقادر مي سازند. این میکروسکوپ ها اساس درك فعلي ما از ساختار سلول و عملکرد آن مي باشد.

خودآزمائي Self-Quiz

۱. بطور کلي غشاء سلول تشکیل شده است از:
a. دو لایه کربوهیدرات و پروتئین
b. دو لایه پروتئین و فسفولیپید
c. دو لایه لیپید و پروتئین
d. هیچیك از موارد

۲. اندامك ها:
a. بخشهاي محدود شده به غشاء هستند.
b. معرّف سلولهاي یوکاریوتي اند، نه پروکاریوتي.
c. زمان و مکان واکنشهاي شیمیائي را از هم مجزا میکنند.
d. همهَ موارد فوق خصوصیات (features) اندامکها هستند.

۳. باستثناي سلولهاي جانوري، بسیاري از سلولهاي آغازي، گیاهي و قارچي آن را مشترکاً دارند.
a . میتوکندري — c. ریبوزوم
b. غشاء پلاسمائي — d. دیواره سلولي

۴. آیا این جمله درست است یا نادرست؟ پاسخ خود را توضیح دهید.
غشاء پلاسمائي خارجي ترین جزء همهَ سلولها است.

۵. بر خلاف سلولهاي یوکاریوتي، سلولهاي پروکاریوتي:
a. غشاء پلاسمائي ندارند. — c. هسته ندارند.
b. داراي RNA و فاقد DNA میباشند. — d. همه موارد

۶. هر جزء سلولي را با کار آن مطابقت دهید:

ــــ ساخت زنجیره هاي پلي پپتیدي	a. mitochondrion
ــــ تغییر اولیهَ زنجیره هاي پلي پپتیدي تازه ساخت	b. chloroplast
ــــ تغییر نهائي پروتئین ها، سوا کردن و صدور آنها	c. ribosome
ــــ فتوسنتز	d. rough ER
ــــ تشکیل ATP فراوان	e. Golgi body

فصل ٥ قوانين اصلي متابوليسم

مفاهيم اصلي

١. سلولها سوخت و ساز (متابوليسم) يا كار شيميائي دارند. سلولها با كسب انرژي و مواد خام از منابع خارجي و استفاده از آنها مواد را ساخته و ذخيره مي كنند، مي شكنند، يا دور مي ريزند. متابوليسم كه مجموعهَ فعاليت هائي است كه با دريافت انرژي انجام مي گيرد، زمينهَ بقاء سلول ها است.

٢. حيات تحت تأثير دو قانون ترموديناميك است. بر طبق **قانون اول** انرژي از صورتي به صورت ديگر تبديل مي شود ولي مقدار كلي آن نه افزايش مي يابد و نه كاهش. مقدار كل انرژي در جهان ثابت مي ماند.
بر طبق **قانون دوم** انرژي بطور خود بخود و در يك جهت از صورت قابل استفاده به صورتي كه كمتر قابل استفاده است جريان مي يابد.

٣. همهَ مواد بعلت موقعيت و ترتيب قرار گيري اجزاء آنها در فضا انرژي پتانسيل دارند و ميتوانند كار انجام دهند. سلولها از انرژي پتانسيل استفاده كرده و كار مكانيكي يا الكترو شيميائي انجام ميدهند؛ مثل زمانيكه تاژكها را به حركت در مي آورند يا يون ها را به اندامك وارد يا خارج مي كنند.

٤. بدون انرژي سلولها مختل مي شوند (مثل همهَ سيستم هاي متشكل). سلول انرژي پتانسيل شيميائي را در هر واكنش متابوليكي به مقدار زياد به صورت گرما از دست ميدهد. سلول از طريق برقراري توازن بين انرژي توليد شده (outputs) و انرژي مصرفي(inputs) حيات وسازماندهي دارد. همهَ موجودات زنده انرژي را از منابع بيروني تأمين ميكنند. نور خورشيد منبع اصلي انرژي شبكه حيات است. انرژي پيوند شيميائي مولكولها در محيط فيزيكي يا موجودات خوراكی از ديگر منابع انرژي است.
گياهان و ساير فتوسنتز كنندگان انرژي نور خورشيد را به انرژي پيوند شيميائي تركيبات آلي تبديل ميكنند.
گياهان و ساير جانداراني كه از گياهان و از يكديگر تغذيه ميكنند از انرژي تركيبات آلي استفاده كرده و كار سلولي انجام ميدهند.

٥. سلولها با مرتبط ساختن واكنشهاي انرژي زا و انرژي خواه، انرژي را محافظت و نگهداري مي كنند. ATP اساسي ترين عامل پيوند دهنده و حامل انرژي در سلولها بوده و با انتقال يك گروه فسفات به مولكولها، آنها را فعال و براي تغيير شيميائي آماده مي كند.

٦. واكنشهاي اكسيداسيون- احياء يا انتقال الكترون بين مواد، بسياري از واكنشهاي متابوليكي را شامل ميشود. اين انتقالات غالبا در سيستمهاي نقل و انتقال الكترون انجام پذيرند. واكنشهاي شيميائي بتنهائي پيشرفت بسيار كندي دارد. درسلولها آنزيمهاي ويژه سرعت واكنشها را بسيار افزايش مي دهند. كوآنزيمهائي مثل NAD^+و FAD درتنفس هوازي به آنزيمها كمك كرده والكترونها و هيدروژن را از گلوكز به سيستمهاي حامل انتقال مي دهند و در آنجا ثمرهَ انتقالات الكتروني انرژي تشكيل ATP است.
انتقالات الكتروني در فتوسنتز نيز ATP تشكيل مي دهد. كوآنزيم $NADP^+$ الكترون ها و هيدروژن را به مكاني انتقال مي دهد كه با كربن و اكسيژن تركيب شده و گلوكز ساخته ميشود.

٧. متابوليسم اكثراً به شيب غلظت وابسته است. شيب غلظت اختلاف بين تعداد مولكولها يا يونهاي يك ماده در دو ناحيه است. مولكولها تمايل دارند به سمت منطقه اي كه شيب كمتر دارد حركت كنند. اين رفتار انتشار (Diffusion) ناميده مي شود. غلظت، شيب الكترونی و فشار ، دما و اندازه مولكول سرعت انتشار را تحت تأثير قرار ميدهد.

٨. مسير متابوليكي سلسله واكنشهاي منظمي است كه با مداخله آنزيمها انجام مي گيرند (جدول ٥.١). راه اندازي مناسب اين مسيرها مقادير نسبي مواد را در سلولها حفظ كرده يا كاهش و افزايش ميدهد. فتوسنتز و ساير مسيرهاي بيوسنتزي مولكولهاي غني از انرژي را به مولكولهاي كوچكي كه محتواي انرژي كمتر دارند ميشكند.

جدول ۵.۱	شركت كنندگان مسير متابوليكي

سوبسترا (Substrate): ماده وارد شده به يك مسير متابوليكي يا واكنش متابوليكي كه به آن Reactant هم مي گويند.

واسطه (Intermediate): ماده اي كه بين reactant ها و محصولات نهائي يك مسير تشكيل ميشود.

محصول نهائي (End product): ماده باقيمانده در پايان واكنش يا مسير

آنزيم (Enzyme): پروتئيني كه سرعت واكنشها را افزايش ميدهد؛ بعضي از RNAها نيز همين كار را انجام ميدهند. يك آنزيم در محدودهَ معين دما، PH، و شوري بهترين عملكرد را دارد.

كوفاكتور (Cofactor): كوآنزيمهائي مثل NAD^+ يا يون فلزي كه به آنزيمها كمك كرده يا الكترونها، هيدروژن يا ساير گروههاي عمل كننده را بين سايت هاي واكنش حركت ميدهند.

ATP: اصلي ترين حامل انرژي در سلولها كه واكنشهاي انرژي زا را به واكنشهاي انرژي خواه مي پيوندد.

پروتئين ناقل (Transport protein): پروتئيني كه بطور غير فعال به عبور مواد از عرض غشاء پلاسمائي كمك كرده يا فعالانه آنها را در عرض غشاء پمپ ميكند.

۹. سلولها در جهت يا خلاف جهت شيب غلظت در عرض غشاء پلاسمائي و غشاهاي داخلي عمل ميكنند. محلولهاي ويژه از راه انتقال غير فعال و فعال از غشاها عبور ميكنند. اكسيژن، دي اكسيد كربن و ساير مولكولهاي غير قطبي كوچك در عرض دو لايه چربي غشاء منتشر مي شوند. يونها و مولكولهاي بزرگ و قطبي مثل گلوكز با كمك فعال يا غير فعال پروتئينهاي حامل از غشاء عبور ميكنند. آب از راه اسمز و بواسطهَ پروتئينها از عرض غشاء دو لايه اي مي گذرد. اُسمز حالت ويژه اي از انتشار است كه در آن آب از غشائي كه نفوذ پذيري انتخابي دارد عبور ميكند. همچنين مواد از راه آندوسيتوز و اگزوسيتوز از غشاء پلاسمائي عبور ميكنند.

۱۰. پروتئينهاي ناقل از راه تغيير شكل برگشت پذير مواد محلول در آب را از عرض غشاها عبور ميدهند. انتقال غير فعال به صرف انرژي نياز ندارد. مواد محلول بواسطهَ يك پروتئين داخلي به آساني منتشر مي شوند. انتقال فعال از تقويت كننده هاي انرژي مثل ATP استفاده ميكند. پروتئينها يك محلول را بر خلاف شيب غلظت تلمبه ميزنند.(شكل ۵.۱)

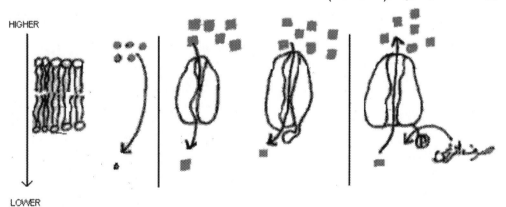

HIGHER

LOWER

انتشار در عرض دو لايه چربي	**انتقال غير فعال(انتشار تسهيل شده)**	شكل ۵.۱ انتقال فعال
مولكولهاي محلول در چربي و مولكولهاي آب در عرض غشاء منتشر ميشوند.	مولكولهاي محلول درآب و يونها بواسطهَ پروتئينهاي ناقل دروني انتشار مي يابند. به انرژي نياز ندارد.	محلولهاي ويژه از طريق پروتئينهاي ناقل بر خلاف شيب غلظت از عرض غشاء پمپاژ ميشوند كه به انرژي نياز دارد.

۱۱. در اگزوسیتوز غشاء وزیکول با غشاء پلاسمائي جوش خورده و محتویات آن به خارج آزاد میشود(شکل ۵.۲). گیرنده هاي غشاء پلاسمائي مواد ویژه را در آندوسیتوز تشخیص داده و وزیکول تشکیل میدهند. این مواد در مایع خارج سلولي حل شده و یکسره جذب میشوند یا آنکه فاگوسیتوز انجام مي گیرد یعني سلول در مواد غوطه ور شده و شروع به خوردن آنها میکند.

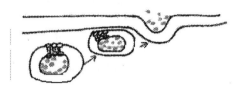

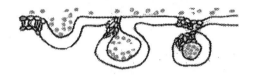

شکل ۵.۲ **آندوسیتوز:** در بخشي از غشاء پلاسمائي وزیکول ایجاد میگردد که به درون سیتوپلاسم فرو میرود. **اگزوسیتوز:** وزیکول به طرف غشاء پلاسمائي حرکت کرده و با آن جوش میخورد ، سپس محتویات آن به بیرون میریزد.

خودآزمائي Self-Quiz

۱. سیستمهاي انتقال الکترون_____ را شامل میشود.
a. آنزیمها و کوآنزیمها
b. انتقالات الکتروني
c. غشاهاي سلول
d. همه موارد

۲. اگر گلبول قرمز زنده اي را در یك محلول هیپوتونیك فرو برید، آب:
a. وارد سلول میشود.
b. سلول را ترك میکند.
c. حرکت ویژه اي نشان نمي دهد.
d. از راه آندوسیتوز وارد سلول میشود.

۳. _____میتواند به آساني درعرض چربي دو لایه اي غشاء انتشار یابد.
a. گلوکز b. اکسیژن c. دي اکسید کربن d. موارد bو c

۴. یونهاي سدیم از راه پروتئینهاي ناقل که انرژي آنها افزایش مي یابد از غشاء عبور میکنند. این مورد مثالي از _____ است.
a. انتقال غیر فعال
b. انتقال فعال
c. انتشار تسهیل شده
d. موارد a و c

۵. هر ماده را با مناسبترین توضیح آن مطابقت دهید.

_____ کوآنزیم یا یون فلزي	a.reactant or substrate
_____ عبور انتخابي از غشاء	b. enzyme
_____ ماده وارد شده به واکنش	c. enzyme helper
_____ در حین واکنش تشکیل میشود.	d. intermediate
_____ ماده انتهائي یك واکنش	e. end product
_____ سرعت واکنش را زیاد میکند.	f. energy carrier
_____ مقدار فراوان ATP	g. transport protein

فصل ٦_ کسب انرژي توسط سلول ها

مفاهيم اصلي

۱ . گياهان، بسياري از آغازيان و برخي از باکتريها از انرژي نوراني خورشيد، دي اکسيد کربن و آب استفاده کرده و گلوکز و ساير کربوهيدراتها را مي سازند که ستوني از اتمهاي کربن اند. مسير متابوليکي آنها فتوسنتز نام دارد.
ساختمان و عمل سلول بر مبناي ترکيبات آلي است که سنتز آنها به منابع کربن و انرژي وابسته است. گياهان و اتوتروفهاي ديگر کربن را از دي اکسيد کربن و انرژي را از خورشيد يا ترکيبات غير آلي بدست مي آورند.
حيوانات و هتروتروفهاي ديگر قادر به تغذيهٔ خود نبوده و کربن و انرژي را از ترکيبات آلي ساخته شده توسط اتوتروفها بدست مي آورند.

۲. فتوسنتز مهمترين فرآيندي است که بواسطهٔ آن کربن و انرژي وارد شبکه حيات مي شود. واکنشهاي وابسته به نور و مستقل از آن دو مرحلهٔ فتوسنتز مي باشد. معادله زير و شکل ٦.١ اين فرآيند را خلاصه مي کند:

انرژي نوراني

$$6CO_2 + 12H_2O \longrightarrow C_6H_{12}O_6 + 6O_2 + 6H_2O$$

آب + اکسيژن **+** گلوکز ⟵ آب + دي اکسيد کربن

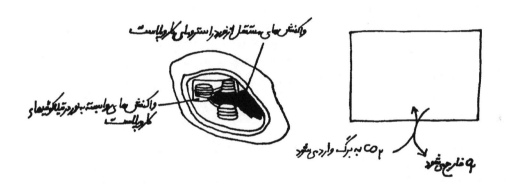

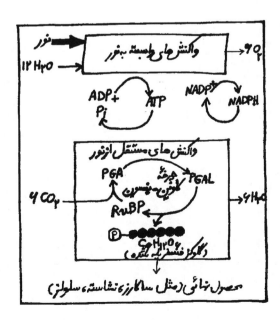

شكل ٦.١ خلاصه فتوسنتز. در واكنشهاي وابسته به نور، انرژي نور خورشيد بدام افتاده و به انرژي پيوند شيميائي در مولكولهاي ATP تبديل ميشود. مولكولهاي آب از راه فتوليز* در يك مسير غير چرخه اي شكسته ميشوند. كوآنزيم $NADP^+$ الكترونهاي آزاد شده و هيدروژن را بصورت NADPH نگهداري مي كند. اكسيژن بصورت يك محصول فرعي آزاد ميشود.
انرژي ATP موجب پيشبرد واكنشهاي مستقل از نور ميشود. NADPH الكترونها و هيدروژن را آزاد كرده كه با كربن و اكسيژن موجود در دي اكسيد كربن تركيب ميشوند و گلوكز ساخته مي شود. RuBP * كه چرخه كلوين- بنسون روي آن دور ميزند مجدداً تشكيل شده و مولكولهاي جديد آب ساخته ميشوند. در هر نوبت چرخه يك CO_2، دو NADPH و سه ATP مورد نياز است. از آنجا كه هر مولكول گلوكز شش اتم كربن دارد، تشكيل آن به شش دور چرخه احتياج دارد.

٣. هر دو مرحلهَ واكنش در سلولهاي فتوسنتز كنندهَ گياهان و جلبك ها درون اندامكهائي به نام كلروپلاست جريان مي يابند. دو غشاء خارجي نيمه مايع داخلي به نام استروما را در بر دارند. سومين غشاء، سيستم كيسه-هاي مرتبط (تيلاكوئيدها) و كانالهاي استروما را مي سازد. واكنشهاي نوري در تيلاكوئيدها و واكنشهاي مستقل از نور در استروما انجام مي گيرد.

٤. واكنشهاي وابسته به نور در فتوسيستم ها شروع مي شود كه هر يك ٢٠٠تا ٣٠٠ رنگدانه دارد.

a. كلرفيل **a** كه مهمترين رنگدانه فتوسنتز است همهَ امواج نور قابل رؤيت و فقط كمي از نور سبز و زرد-سبز را جذب مي كند. رنگدانه هاي فرعي ديگر مثل كاروتنوئيدها طول موجهاي ديگر را جذب ميكنند.
b. مسير چرخه اي فقط ATP ميسازد. فتوسيستم I الكترونهاي برانگيخته را به يك سيستم ناقل تحويل ميدهد كه اين سيستم الكترونهاي فاقد انرژي را دوباره به فتوسيستم* باز ميگرداند.
c. مسير غير چرخه اي ATPو NADPH ميسازد. مولكولهاي آب به اكسيژن، هيدروژن و الكترونها شكسته ميشوند. الكترونهاي برانگيخته به فتوسيستم II، يك سيستم ناقل، فتوسيستم I، و سيستم ناقل ديگر وارد مي شوند. $NADP^+$ هيدروژن و الكترونها را براي ساخت NADPH جمع آوري ميكند. اكسيژن آزاد شده در اين مسير در ١/٥بيليون سال قبل در اتمسفر جمع شد. سرانجام اين اكسيژن تنفس هوازي را ممكن ساخت.

٥. واكنشهاي مستقل از نور از راه انتقال گروه فسفات مولكول ATP جريان مي يابد. هيدروژن و الكترونهاي NADPH بهمراه كربن و اكسيژن دي اكسيد كربن بعنوان بلوكهاي ساختماني گلوكز استفاده ميشوند. گلوكز اكثرا براي ساخت نشاسته، سلولز و ساير محصولات نهائي فتوسنتز مورد استفاده قرار ميگيرد.

a. واكنشهاي چرخه اي چرخه كلوين- بنسون زماني آغاز ميشود كه آنزيم روبيسكو (rubisco) كربن CO_2را به ريبولوز بيسفسفات ٥ كربني مي چسباند. مادهَ واسطه بعمل آمده به دو PGA شكسته ميشود كه ATP آنها را فسفريله ميكند. هيدروژن و الكترونهاي NADPH به تشكيل دو PGAL(آلدئيد فسفو گليسريك) كمك ميكنند.
b. در ازاي هر شش اتم كربن وارد شده به چرخه دوازده PGAL ساخته ميشود. دو تاي آن براي ساخت يك قند فسفاته ٦ كربنه و بقيه براي ساخت دوباره RuBP استفاده ميشود.

٦. روبيسكو كه يك آنزيم تثبيت كننده كربن است زماني تكامل يافت كه مقدارCO_2 موجود در هوا به مراتب بيش ازO_2 بود. وقتي در برگها CO_2 به مصرف ميرسد وO_2 تشكيل ميشود روبيسكو بجاي كربن اكسيژن را به RuBP مي چسباند كه فرآيندي بيفايده در تنفس نوري است زيرا يك PGA و يك گليكولات ساخته ميشود كه از گليكولات نمي توان در ساخت قندها استفاده كرد و بعداً متلاشي ميشود.

٧. در گياهان C_3* مثل گل آفتابگردان تنفس نوري (Photorespiration) در شرايط گرم و خشك بيشتر است بطوريكه روزنه ها بسته شده و سطح اكسيژني كه بر اثر فتوسنتز در برگ ها تشكيل مي شود از سطح دي اكسيد كربن بالاتر ميرود. ذرت و ساير گياهان C_4* از راه تثبيت دو برابر كربن در دو نوع سلول سطح CO_2 را بالا مي برند. گياهان CAM * مثل كاكتوس ها شب هنگام كه روزنه ها بازند سطح CO_2 را از راه تثبيت كربن بالا مي برند.

خودآزمائي   Self-Quiz

۱. اتوتروف هاي فتوسنتز كننده از ____ هوا بعنوان منبع كربن و از ____ بعنوان منبع انرژي استفاده ميكنند.

۲. واكنشهاي نوري گياهان در ——— جريان مي يابد.
a. سيتوپلاسم   c. استروما
b. غشاء پلاسمائي   d. غشاء تيلاكوئيدي

۳. در واكنش نوري:
a. دي اكسيد كربن تثبيت مي شود.   c. CO الكترونها را مي پذيرد.
b. ATP وNADPH ساخته ميشود.   d. فسفاتهاي قندي ساخته مي شوند.

۴. واكنشهاي مستقل از نور در ____ پيشرفت ميكنند.
a. سيتوپلاسم
b. غشاء پلاسمائي
c. استروما

۵. هنگاميكه يك فتوسيستم نور جذب كند:
a. فسفاتهاي قندي ساخته ميشوند.
b. الكترونها به ATP منتقل ميشوند.
c. واكنشهاي نوري آغاز ميشود.

۶. كداميك از مواد زير در طي واكنشهاي نوري درون بخش تيلاكوئيدي كلروپلاست جمع ميشود:
a. گلوكز   c. كلروفيل ۲   e. يونهاي هيدروژن
b. كاروتنوئيدها   d. اسيدهاي چرب

۷. چرخه كلوين- بنسون زماني شروع ميشود كه:
a. نور در دسترس باشد.
b. نور در دسترس نباشد.
c. دي اكسيد كربن به RuBP مي پيوندد.
d. الكترونها فتوسيستم را ترك كنند.

۸. در واكنشهاي مستقل از نور ، ATP ——— را فسفريله ميكند.
a. RuBP   b. NADP⁺   c. PGA(فسفو گليسرات)   d. PGAL(آلدئيد فسفو گليسريك)

۹. هر پديده را با مناسبترين توضيح مطابقت دهيد:
____ photon absorption   a. روبيسكو مورد نياز است.
____ NADPH formation   b. ATP وNADPH مورد نياز است.
____ Co₂ fixation   c. الكترونها دوباره به فتوسيستم ۱ برمي گردند.
____ PGAL formation   d. انرژي مورد نياز تحريك الكترون ها
____ ATP formation only   e. فتوليز مورد نياز است.

21

فصل ۷ چگونه سلولها انرژي ذخيره شده را آزاد مي كنند؟

مفاهيم اصلي

۱. گروههاي فسفات ATP مركز متابوليسم ميباشد. فقط سلولهاي اتوتروف مي توانند انرژي محيط را براي ساخت ATP بدام اندازند كه اين ATP در ساخت هيدروكربنها بكار ميرود.
سلولها قادرند انرژي ذخيره شده در گلوكز و ساير تركيبات آلي را آزاد كرده و از آن در توليد ATP استفاده كنند. مسيرهاي رها كنندۀ انرژي با هم متفاوتند ولي اصلي ترين نوع با شكستن گلوكز به پيروات آغاز ميشود.
پس از ورود گلوكز به يك مسير آزاد كنندۀ انرژي، آنزيم هاي موجود الكترون ها و هيدروژن را از واكنشهاي ميانجي دريافت مي كنند. كوآنزيم ها آنها را بلند كرده و به ساير مكانهاي پاياني واكنش تحويل مي دهند. اصلي ترين كوآنزيم NAD^+ است. در مسير هوازي از FAD هم استفاده مي شود. احيا شدۀ اين كوآنزيمها NADHو $FADH_2$ هستند.

۲. همۀ مسيرهاي آزاد كنندۀ انرژي با گليكوليز آغاز مي شوند. اين مرحله در سيتوپلاسم شروع و به پايان مي رسد. اين واكنشها قادرند در حضور يا عدم حضور اكسيژن به انجام رسند. به عبارت ديگر گليكوليز اصلي ترين واكنش تجزيه است كه مي تواند مرحلۀ آغازي مسيرهاي اروبيك (هوازي) يا آناروبيك (غير هوازي) باشد.

a. گلوكز در مرحلۀ گليكوليز توسط آنزيم ها به دو مولكول پيروات شكسته مي شود. دو NADH و چهار ATP تشكيل مي شوند.
b. بهرۀ خالص انرژي دو ATP است زيرا براي شروع واكنش دو ATP مي بايست جلوتر سرمايه گذاري شود.

۳. تنفس هوازي سه مرحله دارد:

I. گليكوليز كه در سيتوپلاسم آغاز شده و در طي آن از گلوكز پيروات ساخته ميشود.
II. چرخۀ كربس و چند مرحله قبل از آن در ميتوكندري هاي سلول يوكاريوتي. در اين مرحله واكنشهاي مختلف پيروات را به دي اكسيد كربن مي شكند. اين واكنشها الكترون و هيدروژن آزاد مي كند كه كوآنزيمها به سيستم هاي انتقال الكترون تحويل ميدهند. در شروع اين مرحله يك آنزيم از هر پيروات يك اتم كربن مي گيرد. كوآنزيم A قطعۀ دو كربنه را به هم چسبانده و استيل كوآنزيم A را تشكيل مي دهد كه آن را به اگزالواستات، نقطۀ ورودي چرخۀ كربس، انتقال مي دهد . در اين واكنش چرخه اي و چند مرحلۀ قبلي ده مولكول كوآنزيم با الكترون ها و هيدروژن مي آميزند و ۸ مولكول NADHو ۲مولكول $FADH_2$ بوجود مي آورند. ۲ مولكول ATP تشكيل مي شود. براي هر پيرواتي كه وارد مرحلۀ دوم شود سه مولكول دي اكسيد كربن آزاد ميشود.
III. انتقال قدم به قدم الكترون در فسفريلاسيون*. اين مرحله در غشاء داخلي ميتوكندري در سه وهله جريان مي يابد. سيستم هاي انتقال الكترون و ATP سنتازها در اين غشاء فرو رفته اند.
   a. كوآنزيم ها الكترون ها و هيدروژن را از دو مرحلۀ اول به سيستمهاي انتقالي تحويل ميدهند. وظيفۀ اين سيستمها برقراري شيب غلظت H^+ و شيب الكتريكي در عرض غشاء است.
   b. H^+ مطابق شيب انتشار از بخش خارجي به بخش داخلي جريان مي يابد كه از راه بخش داخلي ATP سنتازها صورت مي گيرد. انرژي رها شده در جريان يوني از ADPو فسفات آزاد ATP مي سازد.
   c. اكسيژن الكترونهاي مصرفي در پايان سيستم انتقالي را جمع آوري و با يونهاي هيدروژن تركيب مي كند و آب حاصل مي شود. بدين جهت اكسيژن دريافت كنندۀ نهائي الكترونهائي است كه در ابتدا در گلوكز قرار داشتند.

معمولا بهره خالص انرژي تنفس هوازي براي هر مولكول گلوكز ۳۶ مولكول ATP است كه با نوع سلول و شرايط آن تغيير مي كند.
قندها يا هيدروكربن هاي ساده مثل گلوكز، چربيها مثل گليسرول و اسيدهاي چرب، و ستون كربني اسيدهاي آمينۀ پروتئين ها در انسان و ساير پستانداران به مسير توليد ATP وارد مي شوند.

۴. مسيرهاي آزاد كنندهَ انرژي غيرهوازي عبارتند از: تخمير (fermentation) و انتقال الكتروني غير هوازي. اين واكنشها تنها در سيتوپلاسم جريان يافته و براي هر مولكول گلوكز متابوليزه شده فقط مقدار كمي ATP حاصل ميشود.
مسيرهاي تخمير انتقال الكتروني غير هوازي نيز با گليكوليز آغاز شده امّا از ابتدا تا انتهاي مسير غير هوازي بوده و از اكسيژن استفاده نميشود.

a. بهرهَ خالص انرژي در تخمير لاكتات ۲مولكول ATP است كه در گليكوليز تشكيل مي شود. در واكنش باقيمانده دوباره NAD^+ بوجود مي آيد. دو NADH گليكوليز الكترون ها و هيدروژن را به دو پيروات گليكوليز انتقال مي دهند. محصول نهائي دو مولكول لاكتات است.

b. بهرهَ خالص انرژي تخمير الكلي از گليكوليز ۲مولكول ATP است و واكنشهاي باقيماندهَ آن دوباره NAD^+ بوجود مي آورند. آنزيم ها پيروات گليكوليز را به استالدئيد تبديل كرده و دي اكسيد كربن آزاد ميشود. NADH حاصل از گليكوليز الكترونها و هيدروژن را به دو مولكول استالدئيد منتقل كرده و دو مولكول اتانول تشكيل ميشود كه محصول نهائي اند.

c. باكتري هاى ويژه انتقال الكتروني غيرهوازي را بكار مي برند. الكترونهاي كنده شده از تركيبات مختلف آلي بوسيلهَ سيستمهاي نقل و انتقال غشاء پلاسمائي جابجا ميشوند. آخرين دريافت كنندهَ الكترون در محيط اغلب يك تركيب غير آلي است.

۵. فتوسنتز و تنفس هوازي در زمان تكامل و در مقياس جهاني با هم عجين شدند. اتمسفر غني از اكسيژن كه نتيجهَ طولاني مدت فعاليتهاي فتوسنتزي است از تنفس هوازي حمايت مي كند كه عاليترين مسير رها كنندهَ انرژي است. اكثر فتوسنتز كننده ها از دي اكسيد كربن و آب توليد شده در تنفس هوازي بعنوان مواد خام استفاده كرده و تركيبات آلي مي سازند.

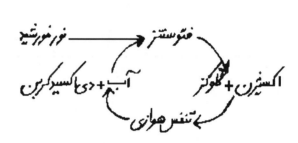

خودآزمائي Self-Quiz

۱. گليكوليز در ـــــ شروع و به پايان مي رسد.

a. هسته   c. غشاء پلاسمائي
b. ميتوكندري   d. سيتوپلاسم

۲. كداميك از موارد زير در جريان گليكوليز تشكيل **نمي شود؟**

a. NADH   c. $FADH_2$
b. پيروات   d. ATP

۳. تنفس هوازي در ـــــ پايان مي يابد.

a. هسته   c. غشاء پلاسمائي
b. ميتوكندري   d. سيتوپلاسم

۴. در آخرين مرحلهَ تنفس هوازي، ـــــ دريافت كنندهَ نهائي الكترونهائي است كه در ابتدا در گلوكز قرار داشتند.

a. آب   c. اكسيژن
b. هيدروژن   d. NADH

۵. ـــــ در تخمير لاكتاتي درگيرند.

a. سلول هاي *لاكتاباسيلوز*   c. باكتريهاي احياء كننده سولفات

b. سلول هاي ماهيچه   d. موارد a و b

۶. آخرين پذيرندهَ الكترونهاي كنده شده از گلوكز در تخمير الكلي ——— مي باشد.

a. اكسيژن   c. استالدئيد

b. پيروات   d. سولفات

۷. مسيرهاي تخمير ATP بيشتري در گليكوليز توليد نمي كنند ولي واكنشهاي باقيمانده:

a. دوباره ADP بوجود مي آورد.   b. دوباره NAD^+ بوجود مي آورد.

c. الكترونها را بر روي مادهَ غير آلي ديگر بغير اكسيژن جمع مي كنند.

۸. در موجودات ويژه و تحت شرايط مخصوص   مي توانند بجاي گلوكز مورد استفادهَ انرژي قرار گيرند.

a. اسيدهاي چرب   c. اسيدهاي آمينه

b. گليسرول   d. همه موارد فوق

۹. هر مورد را با مناسبترين توضيح مطابقت دهيد:

a. ATP، NADH، $FADH_2$، CO_2 و آب تشكيل مي شود.   glycolysis ـــــ

b. گلوكز به دو پيروات   fermentation ـــــ

c. بطور خالص دو ATP تشكيل شده و دوباره NAD^+ بوجود مي آيد.   Krebs cycle ـــــ

d. H^+ از طريق ATP سنتاز ها گردش ميكند.   Electron transport phosphorylation ـــــ

24

فصل ۸ اصول ومبانی وراثت

مفاهيم اصلي

۱. تداوم حيات به توليد مثل بستگي دارد. در اين فرآيند والدين نسل جديدي از سلولها يا افراد پرسلولي مشابه خود بوجود مي آورند. تقسيم سلولي پُلي بين نسلهاست.

۲. هر سلول اصلي فرامين وراثتي (DNA) و تشكيلات سيتوپلاسمي مورد نياز شروع عمل در هر يك از سلولهاي زادهَ خود را از راه مكانيسم هاي ويژهَ تقسيم فراهم مي كند.

a. هسته در سلولهاي يوكاريوتي از راه ميتوز يا ميوز تقسيم مي شود. معمولا سيتوپلاسم پس از آن تقسيم مي شود.

b. سلولهاي پروكاريوتي از راه انشقاق پروكاريوتي (prokaryotic fission) تقسيم مي شوند.

۳. چرخهَ سلولي با تشكيل يك سلول زاده (daughter cell) آغاز مي شود. چرخه سلولي از راه اينترفاز جريان يافته و با تكثير يافتن سلول از راه ميتوز و تقسيم سيتوپلاسمي به پايان مي رسد. يك سلول اكثر حيات خود را در اينترفاز بسر برده و وظائف خود را به انجام ميرساند. اگر قرار است كه سلول دوباره تقسيم شود، جرم آن افزايش يافته و اجزاء سيتوپلاسمي آن تقريبا دو برابر مي شوند، سپس هر كدام از كروموزوم هاي خود را در آمادگي براي تقسيم سلول رونويسي مي كند. هر كروموزوم رونويسي شده (duplicated) دو مولكول DNA دارد كه در محل سانترومر بهم پيوسته اند. تا زمانيكه اين دو مولكول بهم متصل باقي مي مانند، كروماتيدهاي خواهري اند.

٤. هر كروموزوم يوكاريوتي تشكيل شده است از يك مولكول DNA كه به آن پروتئين هاي فراوان كه نقش ساختماني و عملي دارند مي چسبد. كروموزومهاي يك سلول از نظر اندازه، شكل، و بخش حامل فرامين وراثتي با هم متفاوتند.

٥. ' عدد كروموزومي' مجموع كروموزومهاي موجود در سلول هاي يك گونهَ معين است. سلولهائي كه عدد كروموزومي آنها ديپلوئيد(۲n) است، از هر نوع كروموزوم دو تا دارند. با تقسيم ميتوز تعداد كروموزومهاي سلول از يك نسل به نسل بعدي ثابت مي ماند، بنابراين اگر سلول اصلي (parent cell) ديپلوئيد باشد، سلولهاي زاده نيز ديپلوئيد خواهند بود. بدين ترتيب تقسيم ميتوز عدد كروموزومي را از يك نسل سلول به نسل بعدي برقرار نگه مي دارد.

٦. تقسيم ميتوز چهار مرحلهَ متوالي دارد:

a. پروفاز: كروموزوم هاي رونويسي شدهَ نخ مانند شروع به متراكم شدن ميكنند. يك دوك شروع به تشكيل ميكند. پوشش هسته شروع به خُرد شدن كرده و بقاياي آن در حين انتقال به متافاز (يا پرومتافاز) وزيكولهائي تشكيل ميدهند. بعضي ميكروتوبول ها دو قطب دوك در حال توسعه را از هم دور ميسازند. ميكروتوبول هاي ديگر مستقيما به يكي از دو كروماتيد خواهري هر كروموزوم مي پيوندند.

b. متافاز: همهَ كروموزوم ها در مرحلهَ متافاز در استواي دوك رديف شده اند.

c. آنافاز: ميكروتوبول ها كروماتيدهاي خواهري هر كروموزوم را به سمت قطب هاي مقابل دوك مي-كشند. اكنون هر نمونه كروموزوم اصلي بوسيلهَ يك كروموزوم زاده در هر قطب نماياندە مي شود.

d. تلوفاز: كروموزومها دوباره نخ مانند شده و در اطرافشان پوشش هسته اي جديد تشكيل مي شود. هر هسته عدد كروموزومي سلول اصلي را دارد.

۷. مكانيسم هاي ويژه سيتوپلاسم را نزديك به پايان تقسيم هسته يا بعد از آن تقسيم ميكند (در گياهان با تشكيل صفحهَ سلولي يا cell plate و در جانوران از راه تسهيم يا cleavage).

۸. ميتوز اساس رشد، ترميم بافتي و تعويضات سلولي در يوكاريوتي هاي پرسلولي ميباشد. ميتوز اساس توليد مثل غيرجنسي در بسياري از يوكاريوتي هاي تك سلولي مي باشد. تقسيم ميتوز فقط در سلولهاي زايشي (germ cells)* اتفاق مي افتد.

خودآزمائي Self-Quiz

۱. میتوز و تقسیم سیتوپلاسمي در ——— نقش دارد.
a. تولید مثل غیر جنسي یوکاریوتي هاي تك سلولي
b. رشد، ترمیم بافت و تولید مثل غیر جنسي بسیاري از یوکاریوتي هاي پرسلولي
c. تشکیل سلول جنسي (gamete) در پروکاریوت ها
d. موارد a و b

۲. یك کروموزوم رونویسي شده (duplicated) ——— کروماتید دارد.
a. یك　　b. دو　　c. سه　　d. چهار

۳. ——— منطقه فشرده شده یك کروموزوم است که مواضعي براي اتصال میکروتوبولها دارد.
a. کروماتید　　b. صفحه سلولي　　c. سانترومر　　d. تسهیم

۴. عدد کروموزومي هر سلول بدني (somatic cell) که از هر نوع کروموزوم دو تا داشته باشد ——— است.
a. دیپلوئید　　b. هاپلوئید　　c. تتراپلوئید　　d. غیر طبیعي

۵. اینترفاز (interphase) بخشي از چرخهَ سلول است که در آن:
a. سلول نقشي ایفاء نمي کند.
b. یك سلول زاینده براي خود دستگاه دوك مي سازد.
c. یك سلول رشد کرده و DNAي خود را رونویسي مي کند.
d. میتوز رخ میدهد.

۶. عدد کروموزومي سلول زاده (daughter cell) پس از میتوز:
a. مساوي با سلول اصلي (parent cell) است.
b. نصف سلول اصلي است.
c. از نو ترتیب مي یابد.
d. دو برابر سلول اصلي است.

۷. فقط ——— است که از مراحل میتوز بشمار نمي آید.
a. پروفاز　　b. اینترفاز　　c. متافاز　　d. آنافاز

۸. هر مرحله را با رویداد مربوطه مطابقت دهید.
a. کروماتیدهاي خواهري از هم جدا میشوند. ——— metaphase
b. کروموزومها شروع به متراکم شدن میکنند. ——— prophase
c. کروموزومها از حالت فشردگي و تراکم خارج شده و هسته هاي زاده تشکیل میشوند. ——— telophase
d. همه کروموزومهاي رونویسي شده در استواي دوك ردیف میشوند. ——— anaphase

فصل ۹ تقسیم میّوز

مفاهیم اصلي

۱. چرخهَ زندگي يوكاريوتي ها در موارد بسيار داراي مراحل غيرجنسي و جنسي مي باشد. نتيجهَ توليد مثل غير جنسي تشكيل كلني ها (مجموعهَ سلولها) است. توليد مثل جنسي (از طريق ميوز، تشكيل سلول جنسي يا gamete و لقاح) به تغيير صفات منجر ميشود.

a. مكانيسم تقسيم هسته اي ميوز فقط در سلولهائي رخ ميدهد كه مخصوص توليد مثل جنسي اند. مثال آن سلولهاي زايشي نابالغ (germ cells) در جانوران نر و ماده مي باشد. عدد كروموزومي سلول پايهَ زايشي در ميوز به نصف كاهش يافته و كروموزومهاي آن به چهار هسته جديد مجزا مي شود. با تقسيم سيتوپلاسم چهار سلول هاپلوئيد بوجود مي آيد. همگي آنها يا يكي ممكن است به گامت تبديل شده يا هاگ گياهي شوند كه جسم گامتي را مي سازد. اسپرم و تخمك (egg) گامت هاي معروف مي باشند.

b. هسته هاي اسپرم و تخمك در زمان لقاح با هم تركيب مي شوند. اين رويداد موجب ميشود كه عدد كروموزومي فرد جديد دوباره ديپلوئيد شود (n+n= ۲n). شكل ۹.۱ اين مطالب را خلاصه مي كند.

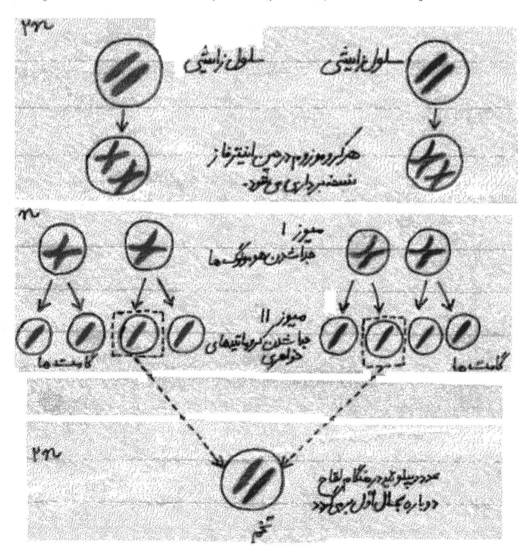

شكل ۹.۱ خلاصه تغييرات عدد كروموزومي در مراحل مختلف توليد مثل جنسي با استفاده از دو سلول زايشي ديپلوئيد (۲n). ميوز عدد كروموزومي را به نصف كاهش ميدهد (n). اتحاد هسته هاي هاپلوئيد دو گامت در زمان لقاح عدد ديپلوئيد را بصورت اول برمي گرداند.

۲. سلول زاينده با عدد كروموزومي ديپلوئيد (۲n) از هر نوع كروموزوم ويژهَ گونهَ خود دو عدد دارد. معمولا يكي از هر جفت كروموزوم مادري بوده و داراي فرامين وراثتي والد ماده است. كروموزوم ديگر پدري بوده و داراي همان فرامين از سوي والد نر است.
جفت كروموزوم هاي پدري و مادري همساني (homology) دارند يعني بهم شبيهند. بغير از يك جفت كروموزوم جنسي نابرابر (X با Y)، دو كروموزوم ديگر داراي طول، شكل و توالي ژني يكسان بوده و در جريان ميتوز متقابلا بر هم اثر ميكنند.

۳. ميوز دو تقسيم متوالي دارد كه هر كدام به يك دستگاه دوكي ميكروتوبولي نيازمندند.
a. ميكروتوبول هاي دوك در طي ميوز I به بخش سانترومر هر كروموزوم دو نسخه اي (duplicated) وصل ميشوند. پروتئين هاي موتور كه به ميكروتوبول ها متصلند، كروموزومهاي هومولگ را از هم جدا ميكنند.
b. تأثيراتي مشابه در ميوز II موجب ميشود كه كروماتيدهاي خواهري هر كروموزوم از هم جدا شوند.

٤. ميوز I (اولين تقسيم هسته) از راه وقايع و نتايج زير قابل توصيف است:
a. در پروفاز I كراسينگ اور انجام مي گيرد. دو كروماتيد غير خواهري هر جفت كروموزوم هومولگ در مناطق مشابه شكسته شده و قطعاتي مبادله مي شود، در نتيجه آلل هاي جديد در كنار يكديگر قرار مي گيرند. آلل ها اشكال مولكولي يك ژن بوده كه اندكي باهم متفاوتند و مدل هاي مختلف يك صفت را تعيين ميكنند. كراسينگ اور شانس قرار گرفتن تركيبات مختلف جفت كروموزومهاي پدري و مادري را در گامتها بوجود مي آورد و ديدار گامت ها در هنگام لقاح موجب بروز اختلافات زياد در جزئيات صفات بين فرزندان مي شود.
همچنين در پروفاز I يك دوك ميكروتوبولي در خارج هسته تشكيل شده و پوشش هسته شروع به خرد شدن مي كند. سلول هائي كه يك جفت سانتريول آنها رونويسي شده، هر جفت سانتريول به سمت قطب دوكي مخالف حركت ميكند.
b. در متافاز I همهَ جفت كروموزومهاي هومولگ در استواي دوك قرار مي گيرند. كروموزومهاي مادري و هومولگ آن بطور شانسي بطرف هر يك از قطب ها هدايت مي شوند.
c. در آنافاز I ميكروتوبولهاي دوك بر هر كروموزوم رونويسي شده متقابلا اثر كرده و آن را از هومولگ خود به سمت قطب دوكي مخالف حركت ميدهد.

٥. ميوز II (دومين تقسيم هسته) از راه وقايع و نتايج زير قابل توصيف است:
a. در متافاز II كروموزوم هاي رونويسي شده در استواي دوك قرار مي گيرند.
b. در آنافاز II كروماتيدهاي خواهري از هم جدا ميشوند. حال هر كدام يك كروموزوم مجزا و بدون نسخه هستند.
c. تا پايان تلوفاز II چهار هسته با عدد كروموزومي هاپلوئيد (n) تشكيل شده اند.

خودآزمائي Self-Quiz

۱. توليد مثل جنسي به——— نياز دارد.
a. ميوز　　c. لقاح
b . تشكيل گامت　　d. همه موارد

۲. عدد كروموزومي سلول جانوري كه از هر نوع كروموزوم دو تا دارد——— است.
a. ديپلوئيد　　c. گامت طبيعي
b. هاپلوئيد　　d. موارد b و c

۳. معمولا يك جفت كروموزوم هومولگ:
a. حامل ژن هاي يكسان و برابر هستند.

b. طول و شکل یکسان دارند.
c. در میوز متقابلا بر هم اثر میکنند.
d. همه موارد

۴. تقسیم میوز عدد کروموزومي اصلي(والديني) را:
a. دو برابر مي كند. c. برقرار میدارد.
b. کاهش میدهد. d. تحریف میکند.

۵. مکانیسم تقسیم میوز_____ تولید مي كند.
a. دو سلول c. هشت سلول
b. دو هسته d. چهار هسته

۶. همهٔ کروموزومها قبل از شروع میوز:
a. متراکم میشوند. c. رونویسي میشوند.
b. از پروتئین آزاد میشوند. d. موارد b و c

۷. در جریان _____ کروموزوم هاي رونويسي شده از هومولگ خود جدا و در قطب مخالف دوك قرار مي گيرند.
a. پروفاز I c. آنافاز I
b. پروفاز II d. آنافاز II

۸. در جریان _____ کروماتیدهاي خواهر هر کروموزوم رونويسي شده از هم جدا و در قطب مخالف دوك قرار مي گيرند.
a. پروفاز I c. آنافاز I
b. پروفاز II d. آنافاز II

۹. هر عبارت را با توضیح آن مطابقت دهید.
a. اشکال مختلف مولکولي يك ژن _____ chromosome number
b. مرحلهٔ بین میوز I و II _____ alleles
c. اکنون جفت کروموزومهاي هومولگ در استواي دوك رديف ميشوند. _____ metaphase I
d. مجموع کل کروموزومهاي موجود در سلول يك گونهٔ معين _____ interphase

فصل ۱۰ مثالهاي مشهود وراثت

مفاهيم اصلي

۱. يك ژن يك واحد اطلاعاتي براي يك صفت ارثي است. آلل هاي يك ژن ويرايش هاي گوناگون آن اطلاعات ميباشند. مندل از راه آميزش تجربي گياهان نخود فرنگي دلايلي را بطور غير مستقيم جمع آوري كرد مبني براينكه موجودات ديپلوئيد براي هر صفت دو ژن دارند كه اصليت خود را به هنگام انتقال به فرزندان حفظ ميكنند.
ژن ها جايگاههاي مخصوص روي كروموزومهاي يك گونه دارند. انسان، گياه نخود فرنگي و ساير موجوداتي كه عدد كروموزومي آنها ديپلوئيد است جفت ژن هائي را كه در مكانهاي مساوي روي جفت كروموزوم هاي هومولگ قرار دارند به ارث ميبرند.

۲. زمانيكه در جريان ميوز دو عضو يك جفت كروموزوم هومولگ از هم جدا مي شوند، جفت ژنهاي آنها نيز از هم جدا شده و در گامتهاي مختلف قرار مي گيرند. گريگور مندل با پيوند زدن گياهان نخود فرنگي كه ويرايش هاي گوناگون يك ويژگي را نشان مي دادند مثلا گياه نخود فرنگي گل ارغواني با گياه نخود فرنگي گل سفيد دلايل اين جدائي ژني را بطورغيرمستقيم پيدا كرد.

۳. هر جفت كروموزوم هومولگ يك سلول زايشي جهت توزيع در يك گامت يا گامت ديگر از هم جدا شده و اين مسئله مستقل از جور شدن جفت كروموزومهاي هومولگ ديگر صورت مي گيرد. مندل شواهد غير مستقيم اين موضوع را در بسياري از گياهان با تحقيق بر روي دو صفت مختلف مثلا رنگ گل و قد گياه كشف كرد.

٤. ويژگيهاي مختلف مورد مطالعهٔ مندل از راه آلل هاي نامساوي تعيين مي شدند. آلل غالب آللي بود كه اثر آن بر روي يك ويژگي اثر جفت آلل مغلوب آن را مخفي مي كرد.
اينچنين نيست كه همهٔ صفتها كاملا غالب يا مغلوب باشند. ممكن است يكي از جفت آلل ها كاملا يا تا حدي بر آلل ديگر غالب باشد. اغلب دو يا چند جفت ژن بر روي يك صفت تأ ثير مي گذارند و بعضي از ژنهاي منفرد بر بسياري از صفات تأثير دارند.

۵. فرد غالب هوموزيگوت براي يك صفت دو آلل غالب به ارث برده است(AA). فرد مغلوب هوموزيگوت دو آلل مغلوب دارد(aa). يك هتروزيگوت دو آلل نامساوي دارد(Aa).

٦. دو فرد در آميزش هاي مونوهيبريد براي ويرايش هاي مختلف يك صفت فرزندان F_1 بوجود مي آورند كه همه براي آن صفت هتروزيگوت (Aa) هستند. آزمايش چنين است كه دو عدد از اين هتروزيگوت هاي F_1 يعني مونوهيبريدها با هم جفتگيري كنند (Aa×Aa). آميزشهاي مونوهيبريد مندل با گياهان نخود فرنگي باغي دليل غير مستقيمي بود بر اينكه ممكن است بعضي از اشكال يك ژن بر اشكال ديگر غالب شوند.

۷. همه فرزندان F_1 آميزش والدين Aa×aa، Aa بودند. آميزشهاي مندل بين مونوهيبريدهايF_1 ، اين تركيبات آللي را در نسل F_2 نتيجه داد:

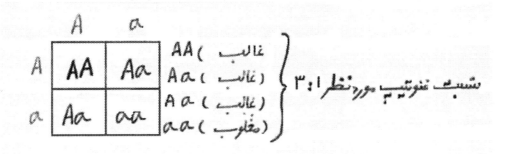

۸. نتايج حاصل از آميزشهاي مونوهيبريد مندل به ارائهٔ نظريهٔ جداسازي منجر شد. به عبارت ديگر، موجودات ديپلوئيد داراي ژن هاي جفت برروي جفت كروموزومهاي هومولگ هستند. ژن هاي هر جفت در ميوز از هم جدا ميشوند بنابراين هر گامت يكي از ژن ها را دريافت مي كند.

۹. افراديكه ويرايشهاي مختلف دو صفت را در آميزش هاي دي هيبريد دارند، فرزندان F_1 را بوجود مي آورند كه همهٔ آنها براي هر دو صفت هتروزيگوت هاي يكسان مي باشند. جفتگيري بين دو هيبريد F_1 در اين آزمايش انجام ميگيرد. فنوتيپ فرزندان F_2 درآميزش هاي دي هيبريد مندل به نسبت ۱: ۳: ۳: ۹ نزديك بود:

۹ غالب براي هر دو صفت
۳ غالب براي **A** و مغلوب براي **b**
۳ غالب براي **B** ومغلوب براي **a**
۱ مغلوب براي هر دو صفت

۱۰. آزمايشهاي دي هيبريد مندل به ارائهٔ نظريهٔ دسته بندي مستقل (Independent assortment) منجر شد. به بيان امروزي، جفت هاي ژني دو كروموزوم هومولگ براي توزيع دريك گامت يا گامت ديگر تا پايان ميوز از هم جدا شده اند و اين موضوع به چگونگي جدا شدن جفت هاي ژني ساير كروموزوم ها بستگي ندارد.

۱۱. عوامل تاثيركننده بر بيان ژن عبارتند از :

a. در بعضي موارد يكي از جفت آلل ها كاملا غالب نيست يعني (codominant)

b . ممكن است محصولات چند جفت ژن بر هم اثر متقابل داشته و بر يك صفت تأثير بگذارند.

c. ممكن است يك ژن اثرات مثبت يا منفي روي دو يا چند صفت داشته باشد كه اين حالت pleiotropy ناميده ميشود (در زبان يوناني pleis به معني بيشتر و tropic به معني تغيير دادن است) مثل كم خوني سلول داسي Sickle-cell anemia.

d. ممكن است شرايط محيطي يك فرد بر بيان ژن تأثير كند به اين معني كه محيط موجب اختلاف و دگرگوني در صفات شود.

خودآزمائي Self-Quiz

۱. آلل ها ــــــ مي باشد.

a. اشكال مختلف مولكول يك ژن
b. فنوتيپ هاي مختلف
c. هوموزيگوت هاي خود بارور و * true- breeding

۲. يك هتروزيگوت براي يك صفت مورد مطالعه ــــــ دارد.

a. يك جفت آلل مساوي
b. يك جفت آلل نامساوي
c. موقعيت ژنتيكي هاپلوئيد
d. موارد a و c

۳.______ يك موجود زنده صفات قابل رؤيت در او مي باشد.
a. فنوتيپ　　c. ژنوتيپ
b. بيولوژي اجتماعي　　d. شجره نامه (pedigree)

۴.______ فرزندان نسل دوم يك آميزش مي باشد.
a. نسل F_1　　c. نسل هيبريد
b. نسل F_2　　d. هيچيك از موارد

۵. همه فرزندان F_1 آميزش منوهيبريد AA×aa ______ مي باشند.
a. AA　　c. Aa
b. aa　　d. ½ aa و ½ AA

۶. با فرض اينكه صفات غالب كامل باشند، فرزندان F_2 حاصل از آميزش Aa × Aa نسبت فنوتيپي______ را نشان خواهند داد.
a. ۳: ۱　　c. ۱: ۲: ۱
b. ۹: ۱　　d. ۱: ۳: ۳: ۹

۷. آميزش بين گياهان نخود فرنگي F_1 حاصل از آميزش AABB×aabb منجر به ظهور نسبتهاي فنوتيپي نزديك به ______ در نسل F_2 خواهد شد.
a. ۱: ۲: ۱　　c. ۱: ۱: ۱: ۱
b. ۳: ۱　　d. ۱: ۳: ۳: ۹

۸. هر مثال را با مناسبترين توضيح آن مطابقت دهيد.
a. bb　　آميزش (cross) دي هيبريد ______
b. AaBb×AaBb　　آميزش منوهيبريد ______
c. Aa　　حالت هوموزيگوتي ______
d. Aa×Aa　　حالت هتروزيگوتي______

مسائل ژنتيك:

۱. يك ژن آلل هاي a و A دارد. ژن ديگر آلل هاي b و B دارد. چه نوع گامتهائي براي هر ژنوتيپ توليد خواهد شد؟ با فرض بر اينكه دسته بندي مستقل (independent assortment) قبل از تشكيل گامتها صورت مي گيرد.
a. AABB　　c. Aabb
b. AaBB　　d. AaBb

۲. با مراجعه به مسئلهَ ۱، ژنوتيپ فرزندان حاصل از جفتگيريهاي زير چه خواهد بود؟ فركانس هر ژنوتيپ را نشان دهيد.
a. AABB×aaBB　　c. AaBb×aabb
b. AaBB×AABb　　d. AaBb×AaBb

۳. در يك آزمايش مندل گياه نخود فرنگي با غلاف سبز را با گياه نخود فرنگي با غلاف زرد آميزش داد. غلاف همه گياهان F_1 سبز شد. كدام شكل صفت (غلاف سبز يا زرد) مغلوب است؟ چگونه به اين نتيجه رسيديد؟

۴. با مراجعه به مسئلهَ ۱، فرض كنيد سومين ژن مورد مطالعه شما آلل هاي C و c دارد. ژنوتيپ هاي زير چه نوع گامت هايي بوجود خواهد آورد؟
a. AABBCC　　c. AaBBCc

AaBBcc .b AaBbCc .d

۵. مندل يك گياه نخود فرنگي خالص (true- breeding) بلند با گل هاي ارغواني را با يك گياه نخود فرنگي خالص (true- breeding) كوتاه با گل هاي سفيد آميزش داد. همهٔ گياهان F_1 بلند بوده و گل هاي ارغواني داشتند. اگر يكي از گياهان F_1 خود لقاحي كند، احتمال اينكه فرزندي كه از F_2 بطور اتفاقي انتخاب شده براي ژن هاي تعيين كنندهٔ قد و رنگ گل هتروزيگوت باشد چقدر است؟

۶. در يك مكان ژني كروموزوم انسان يك آلل غالب **لوله كردن زبان** را كنترل مينمايد كه توانائي انسان در لوله كردن دو سمت زبان است. انسانهائي كه براي آلل نهفته در آن مكان هوموزيگوت باشند نمي توانند زبان خود را لوله كنند. در يك مكان ژني ديگر آلل غالبي وجود دارد كه پيوسته بودن (attached) يا گسسته بودن (detached) لالهٔ گوش (نرمهٔ گوش) را كنترل ميكند. اين دو جفت ژن مستقل از هم دسته بندي ميشوند. فرض كنيد خانمي كه نرمهٔ گوش گسسته دارد و مي تواند زبان خود را لوله كند با آقائي ازدواج مي كند كه نرمهٔ گوش پيوسته داشته و نمي تواند زبان خود را لوله كند. اولين فرزند آنها فنوتيپ پدر را دارد. در اينصورت:

a. ژنوتيپ مادر، پدر و فرزند چه ميباشد؟
b. احتمال اينكه فرزند دوم آنها نرمهٔ گوش گسسته داشته و نتواند زبان خود را لوله كند چقدر است؟

۷. بيل و همسرش مري آرزو دارند صاحب فرزند شوند. هر دو كف پاي مسطح، مژگان بلند و تمايل به عطسهٔ فراوان دارند (**سندروم آكوو).** آلل هاي غالب بروز اين صفات عبارتند از:A (انحناي پا)، E (طول مژه)، و S (عطسهٔ مزمن). بيل براي هر سه آلل غالب هتروزيگوت و مري هموزيگوت مي باشد.

a. ژنوتيپ بيل و مري چيست؟
b. مري چهار بار حامله مي شود. احتمال اينكه هر فرزند فنوتيپ هاي غالب هر سه صفت را داشته باشد چقدر است؟
c. احتمال آنكه هر فرزند مژگان كوتاه، كف پاي انحناء دار و عدم تمايل به عطسهٔ مزمن را داشته باشد چقدر است؟

۸. فرض كنيد كه ژن جديدي را در موش ها تعيين مي كنيد. يكي از آلل هاي آن موي سفيد و آلل ديگر موي قهوه اي را مشخص مي كند. ميخواهيد تعيين كنيد كه آيا رابطهٔ ميان دو آلل از نوع غالب ساده يا غالب ناكامل است. چه نوع آميزش هاي ژنتيكي به شما پاسخ خواهد داد؟ نتايج شما بر اساس چه مشاهداتي خواهد بود؟

۹. خواهرتان نقل مكان كرده و سگ شكاري ماده و اصيل لابرادُر خود به نام دندليون را به شما مي دهد. فرض كنيد كه تصميم ميگيريد دندليون را پرورش داده و توله هايش را بفروشيد تا به هزينهٔ كالج شما كمك شود. بعدا درمی يابيد كه دو تا از چهار تولهٔ او hip dysplasia را نشان مي دهند كه يك اختلال وراثتي بوده و منشأ آن چند اثر متقابل ژني است. اگر دندليون با لابرادُر نري كه عاري از ژن هاي مضر است جفتگيري كند، آيا ميتوانيد به خريدار تضمين دهيد كه توله سگ ها اختلالي بروز نمي دهند؟ پاسخ خود را توضيح دهيد.

۱۰. يك آلل غالب (W) موجب رنگ پوست سياه در خوك گينه ميشود. خوك گينه كه هوموزيگوت نهفته (ww) است، پوست سفيد رنگ دارد. Fred ميخواهد بداند كه آيا خوك گينهٔ سياه رنگ او هوموزيگوت غالب (WW) است يا هتروزيگوت (Ww). او چگونه مي تواند ژنوتيپ حيوان خانگي خود را تعيين كند؟

۱۱. گل ميمون قرمز براي آلل R^1 هوموزيگوت است. گل ميمون سفيد براي آلل ديگري (R^2) هوموزيگوت است. گياهان هتروزيگوت (R^1R^2) گل هاي صورتي دارند. فرزندان F_1 در آميزش هاي زير چه فنوتيپي خواهند داشت؟ نسبت هاي مورد نظر هر فنوتيپ چقدر است؟

a. $R^1R^1 \times R^1R^2$
b. $R^1R^1 \times R^2R^2$
c. $R^1R^2 \times R^1R^2$
d. $R^1R^2 \times R^2R^2$

۱۲. دو جفت ژن نوع شانه در مرغ ها را تعيين ميكند. هنگاميكه هر دو ژن مغلوب باشد مرغ شانه تكي ميشود. P ، آلل غالب شانه نخودي و R ،آلل غالب شانه رُزي است. اگر مرغي حداقل يكي از هر دو ژن

غالب -P-R- را داشته باشد تأثير اپيستاتيك (تأثير بين محصولات دو يا چند جفت ژن) اتفاق افتاده و مرغ شانه گردوئي مي شود. نسبت هاي F_1 حاصل از آميزش دو مرغ شانه گردوئي كه براي هر دو ژن هتروزيگوت (PpRr) مي باشد را پيش بيني كنيد.

۱۳. فقط يك آلل جهش يافته است كه فرم غير عادي هموگلوبين را تشكيل مي دهد (Hb^S بجاي Hb^A). هوموزيگوت ها باعث پيشرفت و توسعهَ كم خوني سلول داسي شكل مي شوند ($Hb^S\ Hb^S$) ولي هتروزيگوت ها ($Hb^A\ Hb^S$) چند علامت ظاهري نشان ميدهند. فرض كنيد مادر يك خانم براي آلل Hb^A هوموزيگوت و پدر او براي آلل Hb^S هوموزيگوت باشد. او با مردي ازدواج مي كند كه براي اين آلل هتروزيگوت بوده و آنها تصميم مي گيرند بچه دار شوند. احتمال اينكه اين زوج صاحب فرزندي شوند كه:

a. براي آلل Hb^S هوموزيگوت
b. براي آلل Hb^A هوموزيگوت
c. و براي $Hb^A\ Hb^S$ هتروزيگوت باشد را در هر يك از حاملگي ها مشخص كنيد.

۱۴. آلل هاي ويژهٔ غالب براي نمو طبيعي حياتي اند به اين ترتيب كه فرد هوموزيگوت مغلوب براي شكل مغلوب و جهش يافتهَ آن آلل قادر به ادامهَ حيات نخواهد بود. اين آلل هاي مغلوب و كشنده مي توانند بوسيلهَ هتروزيگوت ها پايدار بمانند. آلل Manx (M^L) را در گربه ها در نظر بگيريد. بچه گربه هاي هوموزيگوت ($M^L\ M^L$) مي ميرند. در هتروزيگوت ها ($M^L\ M$) ، نخاع رشد غيرعادي داشته و گربه ها بي دمند. دو گربهَ $M^L\ M$ جفتگيري ميكنند. در ميان فرزنداني كه *زنده مي مانند*، احتمال اينكه بچه گربه اي هتروزيگوت باشد چقدر است؟

۱۵. آلل مغلوب a مسئول *آلبينيسم* است كه عدم توانائي در توليد و رسوب ملانين در بافتها مي باشد. انسان و برخي از جانداران ديگر مي توانند اين فنوتيپ را داشته باشند. در هر يك از موارد زير ژنوتيپ احتمالي پدر، مادر، و فرزندانشان چيست؟

a. والدين فنوتيپ معمولي دارند؛ بعضي از فرزندانشان آلبينو و بعضي ديگر سالم هستند.
b. پدر، مادر و همهَ فرزندانشان آلبينو هستند.
c. مرد فنوتيپ آلبينو و زن فنوتيپ عادي دارد و داراي يك فرزند آلبينو و سه فرزند سالم هستند.

۱۶. رنگ دانه در گندميان (مثل گندم، جو، گندم سياه) توسط دو جفت ژن تعيين ميشود. آلل هاي يك جفت ژن نسبت به آلل هاي جفت ژن ديگر غالب ناتمام هستند. براي جفت ژني كه در يك جايگاه كروموزومي قرار دارد، آلل A^1 واحد اطلاعاتي رنگ قرمز دانه را اعطاء مي كند در صورتيكه آلل A^2 واحدي اعطاء نمي كند. آلل B^1 در جايگاه دوم واحد اطلاعاتي رنگ قرمز دانه را ارائه ميدهد در حاليكه آلل B^2 واحدي ارائه نمي دهد. دانه اي با ژ نوتيپ $A^1\ A^1\ B^1\ B^1$ قرمز تيره است. دانهَ ديگري كه ژنوتيپ آن $A^2\ A^2\ B^2\ B^2$ است سفيد مي شود. رنگ دانه در ژنوتيپ هاي ديگر بين اين دو حد است.

a.فرض كنيد گياهي با دانهَ قرمز تيره را با گياهي با دانهَ سفيد آميزش مي دهيد. چه ژنوتيپ و فنوتيپي براي فرزندان انتظار داريد؟
b. اگر گياهي با ژنوتيپ $A^1\ A^1\ B^1\ B^2$ خود لقاحي انجام دهد، چه ژنوتيپ و فنوتيپي براي فرزندان انتظار ميرود؟ با چه نسبتي؟

پاسخ به مسائل ژنتيك فصل ۱۰ و ۱۱

پاسخ مسائل فصل ۱۰:

۱.

a. AB

b. AB, aB

c. Ab, ab

d. AB, Ab, aB, ab

۲.

a.

گامت ها : AB × aB

F_1: AaBB   100 %

b.

گامت ها : ½ AB, ½ aB × ½ AB, ½ Ab

F_1: ¼ یا 25% AABB, ¼ AABb, ¼ AaBB, ¼ AaBb

c.

گامت ها: ¼ AB, ¼ Ab, ¼ aB, ¼ ab × ab

F_1: 25% AaBb, 25% Aabb, 25% aaBb, 25% aabb

d.

گامت ها: ¼ AB, ¼ Ab, ¼ aB, ¼ ab × ¼ AB, ¼ Ab, ¼ aB, ¼ ab

F_1: 1/16 یا 6.25% AABB, ⅛ یا 12.5% AABb, ⅛ AaBB, ¼ یا 25% AaBb, 1/16 AAbb, ⅛ Aabb, 1/16 aaBB, ⅛ aaBb, 1/16 aabb.

۳. زرد مغلوب است زیرا گیاهان F_1 فنوتیپ سبز دارند و باید هتروزیگوت باشند. سبز باید بر زرد غالب باشد.

۴.

a. ABC

b. ABc, aBc

c. ABC, aBc, aBC, ABc

d. ABC, abc, ABc, aBc, abC, aBC, Abc, AbC

۵.

P: TTPP × ttpp

F_1: TtPp × TtPp

از این قسمت به بعد مانند قسمت d از سؤال ۲ حل مي شود. در آنجا هم دیدیم که احتمال AaBb، ¼ یا 25% بدست آمد.

از آنجا که در این آمیزش دي هیبرید همه گیاهان F_1 باید براي هر دو ژن هتروزیگوت باشند، پس ¼ (25%) گیاهان F_2 براي هر دو ژن هتروزیگوت خواهند بود.

۶.

a. مادر باید براي هر دو ژن هتروزیگوت باشد. پدر و فرزند اول او براي هر دو ژن هوموزیگوت و نهفته هستند.

             مادر   پدر

P: RrDd × rrdd

گامت ها : (¼ RD, ¼ Rd, ¼ rD, ¼ rd) , rd

فرزند اول (F_1) : rrdd

b. احتمال اینکه فرزند دوم آنها نتواند زبان خود را لوله کند و نرمه گوش گسسته داشته باشد ¼یا 25% است.

35

¼ Ddrr : طبق بالا

.۷

.a

AaEeSs : ژنوتيپ بيل
AAEESS : ژنوتيپ مري

b. ۱۰۰٪ احتمال دارد كه همه فرزندانشان فنوتيپ بيل را داشته باشند (كف پاي صاف، مژه هاي بلند و تمايل به عطسه كردن).

c. صفر درصد. هيچكدام از فرزندانشان كف پاي انحناء دار، مژه هاي كوتاه و عدم تمايل به عطسه كردن مزمن را نخواهند داشت.

۸. جفتگيري يك موش خالص (true- breeding) موسفيد با يك موش خالص موقهوه اي، واضحترين دليل خواهد بود. از آنجا كه نژادهاي خالص براي هر صفت مورد مطالعه معمولا هوموزيگوت هستند، همهَ فرزندان F_1 اين جفتگيري بايد هتروزيگوت باشند. فنوتيپ هر يك از موشهاي F_1 را ثبت كرده و اجازه ميدهيم تا با هم جفتگيري كنند. با فرض اينكه تنها يك مكان ژني درگير اين موضوع باشد، نتايج احتمالي فرزندان $F_۲$ موارد زير را شامل ميشود:

a. همه موشهاي F_1 قهوه اي هستند و سه فرزند $F_۲$ ي آنها قهوه اي و يكي سفيد ميشود. *نتيجه*: قهوه اي بر سفيد غالب است.

b. همه موشهاي F_1 سفيد هستند و سه فرزند $F_۲$ ي آنها سفيد و يكي قهوه اي در مي آيد. *نتيجه*: سفيد بر قهوه اي غالب است.

c. همه موشهاي F_1 قهوه اي مايل به زرد يا برنزه (tan) هستند و فرزندان $F_۲$ ي آنها بصورت ۱ قهوه اي، ۲ برنزه و ۱ سفيد درمي آيند. *نتيجه*: آلل هاي اين مكان غالب ناتمام (incomplete dominance) مي باشند.

۹. بدون دانستن اطلاعات بيشتر دربارهَ ژنوتيپ دندليون نميتوان تضمين كرد كه توله سگ ها اختلالي بروز نمي دهند. در صورتي ميتوان تضمين كرد كه دندليون يك حامل هتروزيگوت، فرد نر عاري از آلل ها و آلل ها نهفته باشند.

۱۰. Fred ميتواند براي دريافت ژنوتيپ حيوان خود (WW يا Ww) از آميزش تست كراس استفاده كند. او ميتواند خوك گينهَ سياه خود را با يك خوك سفيد كه ژنوتيپ ww دارد جفتگيري دهد. اگر يكي از فرزندان F_1 سفيد شد پس ژنوتيپ حيوان او Ww است. اگر پدر و مادر بطور مكرر جفتگيري كرده و همهَ فرزندان جفتگيري سياه شدند، به احتمال فراوان حيوان او WW است (مثلا اگر همه ۱۰ فرزند سياه شدند احتمال اينكه جانور نر WW باشد، ۹۹.۹ درصد است. هر چه تعداد فرزندان بيشتر باشد، Fred ميتواند از نتيجه گيري خود اطمينان بيشتري حاصل كند.)

.۱۱

a. ½ R_1R_1 قرمز, ½ R_1R_2 صورتي
b. 1/1 R_1R_2 صورتي
c. ¼ R_1R_1 قرمز, ½ R_1R_2 صورتي , ¼ $R_2 R_2$ سفيد
d. ½ R_1R_2 صورتي , ½ $R_2 R_2$ سفيد

.۱۲

PpRr × PpRr : والدين
(¼ PR, ¼ Pr, ¼ pR, ¼ pr) × (¼ PR, ¼ Pr, ¼ pR, ¼ pr) : گامت ها

F_1: 1/16 PPRR, 1/16 PPRr, 1/16 PpRR, 1/16 PpRr, 1/16 PPRr, 1/16 PPrr, 1/16 PpRr, 1/16 Pprr, 1/16 PpRR, 1/16 PpRr, 1/16 ppRR, 1/16 ppRr, 1/16 PpRr, 1/16 Pprr, 1/16 ppRr, 1/16 pprr ⟶ 1/16 PPRR شانه گردوئي, ⅛ PPRr شانه گردوئي, ⅛ PpRR شانه گردوئي, ¼ PpRr شانه گردوئي, 1/16 PPrr شانه نخودي , ⅛ Pprr شانه نخودي, 1/16 ppRR شانه رُزي , ⅛ ppRr شانه رُزي , 1/16 pprr شانه منفرد.

فنوتيپ كلي : 9/16 شانه گردوئي , 3/16 شانه نخودي , 3/16 شانه رُزي , 1/16 شانه منفرد.

۱۳.

ژنوتيپ مادر اين خانم : $Hb^A Hb^A$
ژنوتيپ پدر اين خانم : $Hb^S Hb^S$
ژنوتيپ خود اين خانم : $Hb^A Hb^S$
ژنوتيپ همسر اين خانم : $Hb^A Hb^S$

گامت هاي زن : ½ Hb^A و ½ Hb^S
گامت هاي مرد : ½ Hb^A و ½ Hb^S
⟶ ژنوتيپ فرزندان : ¼ $Hb^A Hb^A$, ¼ $Hb^A Hb^S$, ¼ $Hb^A Hb^S$, ¼ $Hb^S Hb^S$
ژنوتيپ فرزندان : 0.25 $Hb^A Hb^A$, 0.5 $Hb^A Hb^S$, 0.25 $Hb^S Hb^S$

۱۴.

والدين : $M^L M \times M^L M$
گامت ها : (½ M^L, ½ M) , (½ M^L, ½ M)
F_1: ¼ $M^L M^L$, ¼ $M^L M$, ¼ $M M^L$, ¼ $M M$ ⟶ F_1: ¼ $M^L M^L$, ½ $M^L M$, ¼ $M M$
بنابراين احتمال فرزند هتروزيگوت : 0.5

۱۵.
a.

P: Aa × Aa
G: (½ A, ½ a), (½ A, ½ a)
F_1: ¼ AA, ½ Aa, ¼ aa ⟶ ¾ unaffected, ¼ albino

b.

P: aa × aa

c.

P: Aa (زن), aa (مرد)

۱۶.
a.

P: $A^1 A^1 B^1 B^1 \times A^2 A^2 B^2 B^2$
G: $A^1 B^1 \times A^2 B^2$
F_1: $A^1 A^2 B^1 B^2$ ⟶ با فنوتيپ رنگ قرمز حد واسط

b.

P: $A^1 A^1 B^1 B^2 \times A^1 A^1 B^1 B^2$
G: ½ $A^1 B^1$, ½ $A^1 B^2$ × ½ $A^1 B^1$, ½ $A^1 B^2$
F_1: ¼ $A^1 A^1 B^1 B^1$, ¼ $A^1 A^1 B^1 B^2$, ¼ $A^1 A^1 B^1 B^2$, ¼ $A^1 A^1 B^2 B^2$,
فنوتيپ : ¼ $A^1 A^1 B^1 B^1$ قرمز تيره حد واسط, ½ $A^1 A^1 B^1 B^2$ قرمز تيره حد واسط,
¼ $A^1 A^1 B^2 B^2$ قرمز حد واسط

پاسخ مسائل فصل ۱۱:
۱.
a. مردان (XY) كروموزوم X خود را فقط از مادر به ارث ميبرند.
b. آللي كه به كروموزوم X مردان مربوط ميشود فقط بر روي يكي از كروموزومهاي X قرار دارد. مردان ميتوانند دو نوع گامت توليد كنند: يك نوع كه يك كروموزوم Y داشته و فاقد ژن است ونوع ديگر كه يك كروموزوم X داشته و حامل آلل مربوط به آن مي باشد.

c. يك نوع گامت ميتواند توليد كند. هر كدام از گامت هاي اين خانم كه براي آلل مربوط به X هوموزيگوت است فقط يك كروموزوم X حامل آن آلل خواهد داشت.
d. دو نوع گامت ميتواند توليد كند. اگر خانمي براي آلل مربوط به X هتروزيگوت باشد، نيمي از گامت هائي كه بوجود مي‌آورد يكي از آلل ها و نيم ديگر آلل ديگر را خواهند داشت.

۲. همه فرزندان مي بايد براي آن ژن هتروزيگوت بوده و بال بلند باشند. از آنجا كه بعضي شان بال كوتاه هستند، آلل غالب بر اثر پرتوافكني جهش يافته است.

۳. از آنجاكه سندرم مارفان يك توارث غالب و اتوزوم است و يكي از والدين اين آلل را دارد، احتمال اينكه فرزندان آلل جهش يافته را به ارث برند ۵۰ درصد است.

۴. از آنجا كه فنوتيپ هاي مورد نظر در همهَ نسل ها ظاهر شده اند، پس توارث ميبايد غالب و اتوزوم باشد.

۵. يك دختر نيز ميتواند به اين نوع اختلال در رشد عضلاني مبتلا شود تنها در صورتيكه دو آلل مغلوب وابسته به X را از پدر و مادر به ارث برد. هر چند كه اگر مردي اين آلل را روي كروموزوم X خود داشته باشد، بظهور رسيده و علائم اختلال در او پيشرفت ميكنند و اكثر موارد به علت مرگ زودرس نميتواند صاحب فرزند شود.

۶. اگر بين دو ژن كراسينگ اور رخ ندهد، نيمي از كروموزوم ها حامل آلل هاي AB و نيم ديگر ab خواهند بود.

۷. اگر آلل ها به هم نزديك باشند، امكان ضعيفي وجود دارد كه كراسينگ اور آنها را در حين ميوز از هم جدا كند. هر چه فاصلهَ بين دو جايگاه بيشتر باشد، احتمال آنكه كراسينگ اور آنها را از هم جدا كند بيشتر است.

۸.
a. ممكن است پديدهَ عدم انفصال در آنافاز ميوز I يا II صورت گيرد.
b. كروموزوم ۲۱ كه يك كروموزوم كوچك است بر اثر پديدهَ جابجائي به انتهاي كروموزوم ۱۴ متصل ميشود. حتي اگر عدد كروموزومي فرد جديد ۴۶ باشد، سلولهاي سوماتيك او علاوه بر دو كروموزوم طبيعي شمارهَ ۲۱، كروموزوم ۲۱ جابجا شده را نيز دارند.

۹. كراسينگ اور بين دو ژن در مرحله ميوز كروموزوم ايكسي پديد مي آورد كه آلل جهش يافته ندارد.

فصل ۱۱ کروموزوم ها و ژنتيك انساني

مفاهيم اصلي

۱. سلولهاي رويشي يا بدني انسان (سلولهاي سوماتيك) دوتائي ($2n$) بوده و شامل ۲۳ جفت كروموزوم هومولوگ ميباشند كه در طي ميوز بر هم اثر متقابل دارند ؛ بطور نمونه يكي از كروموزومهاي هر جفت منشأ پدري و هومولوگ آن منشأ مادري دارد. طول، شكل، و ژن هاي هر جفت با هم يكسان است (مگر جفت XY). كاريوتيپ كه در آناليز ژنتيكي بكار ميرود، كروموزومهاي يك فرد را بر اساس ساختارهاي تعيين كننده مثل طول و محل سانترومر با كروموزومهاي متافازي كه بطور استاندارد تهيه شده اند مقايسه مي كند.
زنان دو كروموزوم X دارند. مردان يك كروموزوم X دارند كه با Y جفت شده است. كروموزومهاي ديگر اتوزوم ها هستند كه در زنان و مردان با هم يكسانند. ژني كه روي كروموزوم Y قرار دارد جنسيت را تعيين ميكند.

۲. ژن ها كه واحدهاي دستور العمل ويژگيهاي وراثتي اند، يكي پس از ديگري در طول كروموزومها قرار دارند. يك ژن مكان يا جايگاهی ويژه بر روي هر نوع كروموزوم دارد. ممكن است آلل ها كه اشكال مختلف مولكولي يك ژن مي باشند از كروموزومي به كروموزوم ديگر اندكي تفاوت يابند.
چنين نيست كه در هنگام ميوز و تشكيل گامت، تركيب آلل ها در سراسر طول كروموزوم الزاما دست نخورده باقي بماند. در طي پديده اي كه كراسينگ اور (Crossing over) نام دارد بعضي از آلل ها مكان خود را با شريكشان روي كروموزوم هومولوگ عوض مي كنند. ممكن است اين آلل ها با هم برابر بوده يا نباشد. هر چه فاصله دو ژن از هم در طول يك كروموزوم بيشتر باشد، تناوب كراسينگ اور بين آنها بيشتر خواهد بود. نوتركيبي آلل ها موجب تنوع فنوتيپ در فرزندان ميشود.

۳. طرحهاي مندلی آلل هاي غالب و نهفته را روي اتوزوم ها يا كروموزوم X تعيين ميكند.

۴. ساختار كروموزومی در مواردی نادر تغييرمی كند. ممكن است قطعه اي حذف شود، معكوس شود، به مكان جديدي جابجا شود، يا دو تا شود. همچنين جدا شدن نامناسب كروموزوم هاي دوتائي در حين ميتوز يا ميوز عدد كروموزومي يك فرد را تغييرمی دهد. اگر گامت ها و فرزندان يك كروموزوم بيشتر يا كمتر از والدين داشته باشند آنوپلوئيدي و در صورتيكه از هر نوع كروموزوم سه يا چند عدد دريافت كنند پلي پلوئيدي خواهند بود. غالبا تغيير در ساختار يا عدد كروموزومي ايجاد ناهنجاري و اختلال وراثتي ميكند. معالجات فنوتيپي، تستها و مشاورات ژنتيكي و تشخيص قبل از تولد از جمله واكنشهاي اجتماعي هستند.
پديدهَ كراسينگ اور خصوصيات يك جمعيت را بطور مناسب و پنهاني تغيير ميدهد. تغيير در ساختار يا عدد كروموزومي اكثرا مضر يا كشنده اند. بعضي از اين تغييرات در زمان تكامل در كروموزومهاي گونه اي به ثبوت رسيده اند.

۵. شجره نامه ها نمودار ارتباط وراثتي انساب يا نژادها بوده و وراثت يك ويژگي را نشان مي دهد.

خودآزمائي Self-Quiz

۱. ____ در هنگام ____ از هم جدا ميشوند.
a. كروموزومهاي هومولوگ، ميتوز
b. ژن هائي كه روي كروموزومهاي ناهومولوگ قرار دارند، ميوز
c. كروموزومهاي هومولوگ، ميوز
d. ژن هائي كه روي يك كروموزوم قرار دارند، ميتوز

۲. احتمال وقوع كراسينگ اور بين دو ژني كه روي يك كروموزوم قرار دارد ____ .
a. به فاصلهَ بين آنها بستگي ندارد.
b. در صورت نزديك بودن آنها به هم افزايش مي يابد.
c. در صورت دور بودن آنها از هم افزايش مي يابد.

۳ . اختلالات ژنتيكي بر اثر _____ حاصل ميشود.
a. تغيير عدد كروموزومي		c. جهش
b. تغيير ساختار كروموزومي		d. همه موارد

۴. ____ علائم شناخته شده اي هستند كه اختلال ويژه اي را توصيف مي كنند.
a. سندرم		b. بيماري		c. شجره نامه (pedigree)

۵. ساختار كروموزوم با ——— تغيير مي كند.
a. حذف شدن		b. دو تا شدن		c. معكوس شدن
d. جابجا شدن		e. همه موارد

۶. پديدهٔ عدم انفصال بر اثر ——— حاصل مي شود.
a. كراسينگ اور در ميتوز
b. جدا شدن در ميوز
c. عدم جدا شدن كروموزومها در طي ميوز
d. دسته بندي مستقل و متعدد

۷. گامتي كه تحت تأثير پديدهٔ عدم انفصال قرار گرفته، _____ .
a. عدد كروموزومي نرمال ندارد.
b. يك كروموزوم اضافي يا كم دارد.
c. در معرض اختلال ژنتيكي قرار دارد.
d. همه موارد

۸. اصطلاحات كروموزومي ذيل را با يكديگر مطابقت دهيد.

a. تعداد و ساختار هاي تعيين كنندهٔ كروموزومهاي متافازي يك فرد	crossing over ———
b. قطعهٔ كروموزومي كه به سمت كروموزوم غير هومولوگ حركت مي كند.	deletion ____
c. اتصالات ژني را در ميوز از هم مي گسلد.	nondisjunction ____
d. باعث تشكيل كروموزومهاي غير طبيعي در گامت ها ميشود.	translocation ____
e. فقدان يك قطعهٔ كروموزومي	karyotype ____
f. ژن هاي يك كروموزوم معين	linkage group ____

مسائل ژنتيك:

۱. جنس ماده در انسان XX و نر XY ميباشد.
a. يك مرد X خود را از مادر به ارث مي برد يا پدر؟
b. با توجه به آلل هايي كه به كروموزوم X مربوط ميشوند، يك مرد چند نوع گامت ميتواند توليد كند؟
c. خانمي كه براي آلل مربوط به X هوموزيگوت است، چند نوع گامت ميتواند توليد كند؟
d. خانمي كه براي آلل مربوط به X هتروزيگوت است، چند نوع گامت ميتواند بوجود آورد؟

۲. بيان آلل غالب يك مكان ژني موجب توليد بال بلند در **دروزوفيلا ملانوگاستر** ميشود. اگر اين حشره براي يك آلل مغلوب هوموزيگوت باشد، بال كوتاه بوجود مي آورد. فرض كنيد يك مگس بال بلند غالب هوموزيگوت را با يك مگس بال كوتاه مغلوب هوموزيگوت آميزش مي دهيد. سپس از يك تكنسين مي خواهيد تخم هاي لقاح يافته را در معرض اشعهٔ X قرار دهد تا در آن پديده جهش و حذف بوجود آيد. تخم هايي كه به حشره تبديل مي شوند اكثرا هتروزيگوت بوده و بال بلند دارند. تعدادي هم كوتاه بال هستند. چگونه اين نتايج را توضيح ميدهيد؟

۳. **سندرم مارفان** يك اختلال ژنتيكي است كه آثار مثبت و منفى دارد. بيان ژني يك آلل جهش يافته منجر به عدم تشكيل بافت پيوندي فيبيلين يا تشكيل غير عادي آن در بسياري از اندامها مي شود. افراد مبتلا اغلب بلند قد و لاغر بوده و انگشتان آنها دو مفصلي است. ستون مهره انحناء غير طبيعي دارد. بازو، انگشتان، دستها

و پاها بطور نامتناسب بلندند. عدسي چشم بآساني جابجا ميشود. بافت نازكي كه مثل دريچه در زمان انقباض قلب عمل ميكند، خون را در جهت غلط به جريان مي اندازد. قطر شاهرگ اصلي قلب بحدي افزايش يافته كه احتمال ميرود ديوارهَ آن شكننده و پاره شود.

حدودا ۴۰۰۰۰ نفر شامل چند ورزشكار برجسته در ايالات متحده به اين بيماري مبتلا هستند. جهش خودبخودي موجب افزايش اين آلل ميشود. آناليز ژنتيكي نشان ميدهد كه اين آلل غالب و اتوزوم است. اگر يكي از والدين براي اين آلل هتروزيگوت باشد، احتمال اينكه فرزند او اين آلل را به ارث برد چقدر است؟

۴. فنوتيپ هايي كه در شجره نامه زير با دايره و مربع قرمز نشان داده شده اند، از كدام طرح وراثتي مندل پيروي ميكنند؟ غالب و اتوزوم، مغلوب و اتوزوم، يا وابسته به X؟

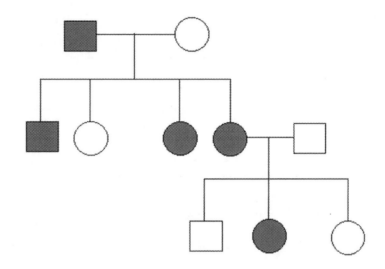

۵. (Muscular dystrophy) اختلال وراثتي در رشد عضلات است كه بر اثر يك آلل مغلوب و وابسته به X ايجاد مي گردد. معمولا علائم آن در كودكي ظاهر ميشود. عملكرد ماهيچه ها بتدريج كاهش يافته بطوريكه در حدود ۲۰ سالگي مرگ حاصل ميشود. اين اختلال بر خلاف كوررنگي تقريبا هميشه در مردان بظهور ميرسد. علت چيست؟

۶. فرض كنيد حامل آلل هاي Aa و Bb روي يك جفت كروموزوم هومولوگ باشيد. اگر احتمال وقوع كراسينگ اور بين اين دو ژن صفر باشد، گامت هاي شما چه ژنوتيپي خواهد داشت؟

۷. فرض كنيد آلل هاي چپ دستي و موي صاف را روي يك كروموزوم و آلل هاي راست دستي و موي مجعد را روي هومولوگ آن داريد. اگر جايگاه دو آلل بسيار بهم نزديك باشند، احتمال وقوع كراسينگ اور چقدر است؟ احتمال وقوع كراسينگ اور در صورت دور بودن آلل ها از هم بيشتر يا كمتر ميشود؟

۸. فرديكه سندرم داون دارد يك كروموزوم اضافي شمارهَ ۲۱ داشته و سلولهاي بدنش ۴۷ كروموزومي است.
a. اشتباه در كدام مرحلهَ ميوز I و II موجب تغيير در عدد كروموزومي شده است؟
b. در مواردي نادر ديده شده كه شخص ۴۶ كروموزومي است به اين ترتيب كه دو كروموزوم طبيعي شماره ۲۱ و يك كروموزوم طويل شماره ۱۴ دارد. توضيح دهيد كه اين حالت چگونه امكان پذير است؟

۹. جهش دو ژن مختلف بر روي كروموزوم X انسان موجب بروز دو نوع هموفيلي وابسته به X مي شود (نوع A و B). در مواردي اندك ديده شده كه يك خانم براي هر دو آلل جهش يافته هتروزيگوت است (يكي بر روي هر يك از دو كروموزوم X) و پسران او بايد هموفيلي A يا B داشته باشند. در مواردي بسيار نادرديده شده كه اين خانم پسري بدنيا مي آورد كه هموفيلي نداشته و كروموزوم X او هيچيك از آلل هاي جهش يافته را ندارد. اين نوع كروموزوم ايكس چگونه حاصل ميشود؟

41

فصل ۱۲ ساختمان و عمل DNA

مفاهيم اصلي

۱. مولكولهاي DNA (دي اكسي ريبونوكلئيك اسيد) مخزن اطلاعات وراثتي سلولها می باشند. هر مولكول DNA دو رشتهَ نوكلئوتيدي دارد كه مانند پلكان مارپيچ بهم تابيده اند. هر كدام از اين زيرواحدهاي نوكلئوتيدي داراي يك قند ۵ كربني (دي اكسي ريبوز)، يك گروه فسفات، و يكي از چهار نوع باز نيتروژن دار (آدنين يا گوآنين يا سيتوزين يا تيمين) مي باشد. در نتيجه همهَ اجزاء نوكلئوتيدها بغير از بازهاي نيتروژن دارشان مشابه يكديگرند.

۲. نوكلئوتيدهاي فراوان هر رشته يكي پس از ديگري قرار گرفته اند. ترتيب قرار گرفتن نوكلئوتيدهاي گونه اي در بعضي از مناطق مولكول DNA منحصربفرد بوده و آنرا از دي. ان. آي گونه ي ديگر متمايز ميسازد. رمز اطلاعات ژنتيكي در همين ترتيب ويژهَ بازهاي نوكلئوتيدي است.

۳. پيوندهاي هيدروژني بازهاي يك رشته مولكول DNA را به بازهاي رشتهَ ديگر مربوط مي سازد. به عنوان يك اصل، آدنين با تيمين جفت ميشود (پيوند هيدروژني برقرار ميكند) و سيتوزين با گوآنين؛ يعني (**A** با **T** و **C** با **G**).

۴. قبل از تقسيم هر سلول، دي . ان . آي آن به كمك آنزيم ها و پروتئين هاي ديگر همانند سازي ميشود. دو رشتهَ مولكول DNA از هم باز ميشوند. در حين انجام اين عمل، رشتهَ جديدي كه ساخته شده ، بر طبق قانون جفت شدن بازها كه در بالا عنوان كرديم، جزء به جزء شروع به جفت شدن با بازهاي مكمل خود در رشتهَ اولي (والديني) ميكند. نتيجه اينكه دو مولكول دو رشته اي تشكيل ميشود. در هر مولكول يك رشته قديمي (محافظت شده) و رشتهَ ديگر جديد است.
آنزيمهاي همانند سازي DNA مكانهائي را كه نوكلئوتيدها بطور صحيح جفت نشده اند مرمّت مي كنند.

خودآزمائي Self Quiz

۱. كداميك از بازهاي نوكلئوتيدي زير در DNA **موجود نيست؟**
a. آدنين b. گوآنين c. اوراسيل
d. تيمين e. سيتوزين

۲. كداميك از موارد زير قانون جفت شدن بازها در DNA را نشان ميدهد؟
a. A-G و T-C b. A-C و T-G
c. C-G و A-U d. G-C و A-T

۳. كداميك از رشته هاي زير مكمل رشتهَ دي. ان. آئي است كه ترتيب بازهاي آن C -G -A -T -T -G ميباشد؟
a. C -G -A -T -T -G b. G -C -T -A -A -G
c. T -A -G -C -C -T d. G -C -T- A- A-C

۴. اختلاف دي. ان. آي يك گونه با گونهَ ديگر در——— ي آن است.
a. قندها b. فسفات ها c. توالي بازها

۵. در شروع همانند سازي DNA——— .
a. دو رشته از هم باز ميشود.
b. دو رشته بمنظور انتقال بازها متراكم ميشوند.
c. دو مولكول DNA بهم مي پيوندد.
d. رشته هاي قديمي رشته هاي جديد را پيدا ميكنند.

۶. همانند سازي DNA به ـــــ احتياج دارد.

a. نوكلئوتيدهاي آزاد
b. پيوندهاي جديد هيدروژني
c. آنزيم هاي فراوان
d. همه موارد

۷. اصطلاحات DNA را با مناسبترين توضيح آن مطابقت دهيد.

a. دو رشتهٔ نوكلئوتيدي بهم تابيده
b. A با T، C با G
c. مادهٔ وراثتي نسخه برداري ميشود
d. آنزيم همانند سازي

—— DNA polymerase
—— constancy in base pairing
—— replication
—— DNA double helix

فصل ۱۳ از DNA تا پروتئین ها

مفاهیم اصلي

۱. حیات تك سلولي ها و پرسلولي ها بدون ساخت آنزیم و سایر پروتئینها امکان پذیر نیست. یك پروتئین شامل یك یا چند زنجیرهَ پلي پپتیدي و هر زنجیرهَ پلي پپتیدي توالي خطي اسیدهاي آمینه است. توالي اسیدهاي آمینهَ یك زنجیرهَ پلي پپتیدي به منطقهَ ژني یكي از رشته هاي DNA که توالي بازهاي نوکلئوتیدي است مربوط مي شود.

۲. مسیر ژن به پروتئین دو مرحلهَ رونویسي و ترجمه را شامل مي شود:

DNA <u>رونویسي</u> RNA <u>ترجمه</u> پروتئین

این مرحله به سه دسته مولکول RNA یا ریبونوکلئیك اسید نیاز دارد:

a) RNAي پیام آور (mRNA)، تنها دسته اي مي باشد که حامل پیام ساختن پروتئین است. رونوشت mRNA در سلولهاي یوکاریوتي پیش از انتقال از هسته بصورت فرم نهائي خود تغییر یافته که به این مرحله پیشرفت تدریجي و مداوم در رونویسي گفته میشود.
b) RNAي نا قل (tRNA) به اسیدهاي آمینهَ آزاد در سیتوپلاسم مي پیوندد و آنها را مطابق با پیام mRNA به یك ریبوزوم تحویل میدهد.
c) RNAي ریبوزومي (rRNA) و پروتئینهاي ساختماني آن، اجزاء تشکیل دهندهَ ریبوزومها هستند. زنجیره هاي پلي پپتیدي روي ریبوزومها سوار مي شوند.

۳. DNA در مرحلهَ رونویسي در یك منطقهَ ژني باز میشود. بازهاي منطقهَ ژني یكي از رشته ها به مثابهَ یك الگو عمل کرده و نوکلئوتیدهاي آزاد موجود در سلول بر طبق آن بصورت یك رشته RNA درمي آیند. قوانین جفت شدن بازهاي RNA با DNA چنین است که گوآنین با سیتوزین و **اوراسیل** با آدنین جفت میشود.

DNA:	تیمین	آدنین	گوآنین	سیتوزین
	|	|	|	|
RNA:	آدنین	اوراسیل	سیتوزین	گوآنین

٤. mRNA، tRNA و rRNA فعل و انفعال داخلي در مرحلهَ ترجمه داشته و زنجیره هاي پلي پپتیدي را مي سازند. سپس زنجیره ها پیچ و تاب خورده و تغییرات بیشتري مي یابند تا اینکه بصورت شکل نهائي و سه بعدي یك پروتئین درآیند.
فرآیند ترجمه تابع رمز وراثتي است. این رمز ٦٤ باز سه گانه دارد. منظور از **سه گانه** یعني آنکه بازهاي آلي به هنگام ترجمه سه تا سه تا در یك ریبوزوم خوانده میشوند. باز سه گانهٔ mRNA کدون است. سه گانهَ مکمل آن در مولکول tRNA، آنتي کدون است. ترکیبات کدونی توالي اسیدهاي آمینه را از آغاز تا پایان یك زنجیره پلي پپتیدي تعیین میکند.

۵. ترجمه سه مرحله دارد:

a. آغازي: زیر واحد کوچك ریبوزومي و tRNAي آغازي به mRNA پیوسته و در طول آن حرکت مي کند تا کدون **آغازي** AUG را پیدا کند. زیر واحد کوچك به زیر واحد بزرگ ریبوزومي مي پیوندد.
b. دراز شدن زنجیره: کدون هاي mRNA با آنتي کدون هاي tRNA جفت شده و tRNA اسیدهاي آمینه را به ریبوزوم تحویل میدهد. زیر واحد بزرگ ریبوزومي rRNA تشکیل پیوند پپتیدي بین دو اسید آمینه را آسان کرده و یك زنجیرهَ پلي پپتیدي مي سازد.
c. به پایان رسیدن زنجیره: کدون **پایاني** mRNA به سمت سکوي ریبوزومي حرکت کرده و mRNA از ریبوزوم جدا میشود.

۶. رمز وراثتي كه بواسطهَ آن دستورالعمل DNA به پروتئين ها ترجمه ميشود به جز چند مورد استثناء در همهَ گونه ها يكسان است.

۷. جهش تغييرات كوچك و دائمي در توالي بازهاي يك ژن بوده و قابل توارث مي باشد. جهش ها موجب تغيير در ساختار پروتئين، عمل يا هر دو ميشود. بسياري از جهش ها خودبخودي در زمان همانند سازي DNA انجام مي گيرد يا بر اثر قرار دادن آن در معرض امواج ماوراء بنفش، پرتوهاي يونيزه كننده، عوامل *alkylating* يا جهش زاهاي ديگر.
جهش منشأ اصلي تغييرات وراثتي در جمعيت ها بوده و اختلافات كوچك و بزرگ درويژگيهاي افراد يك جمعيت بوجود مي آورند.

خودآزمائي Self Quiz

۱. DNA ژن هاي گوناگوني دارد كه بصورت——— رونويسي مي شوند.
a. پروتئين ها
b. mRNA
c. mRNA ، tRNA ، rRNA
d. همه موارد

۲. يك مولكول RNA ——— است.
a. يك مارپيچ دوتائي
b. معمولا تك رشته اي
c. هميشه دو رشته اي
d. معمولا دو رشته اي

۳. مولكول mRNA از طريق——— ساخته مي شود.
a. همانند سازي
b. دو نسخه نويسي
c. رونويسي
d. ترجمه

۴. هر كدون——— ويژه اي را مي خواند.
a. پروتئين
b. پلي پپتيد
c. اسيد آمينه
d. هيدرات كربن

۵. از رمز وراثتي زير استفاده كرده و mRNA با توالي UAUCGCACCUCAGGAGACUAG را ترجمه كنيد. توجه داشته باشيد كه اولين كدون UAUاست. كداميك از توالي اسيدهاي آمينه صحيح است؟

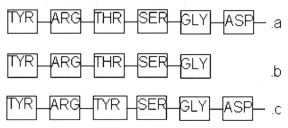

a. TYR—ARG—THR—SER—GLY—ASP—

b. TYR—ARG—THR—SER—GLY

c. TYR—ARG—TYR—SER—GLY—ASP—

دومين باز

اولين باز	U	C	A	G	سومين باز
U	phenylalanine	serine	tyrosine	cysteine	U
	phenylalanine	serine	tyrosine	cysteine	C
	leucine	serine	STOP	STOP	A
	leucine	serine	STOP	tryptophan	G
C	leucine	proline	histidine	arginine	U
	leucine	proline	histidine	arginine	C
	leucine	proline	glutamine	arginine	A
	leucine	proline	glutamine	arginine	G

A	isoleucine	threonine	asparagine	serine	U
	isoleucine	threonine	asparagine	serine	C
	isoleucine	threonine	lysine	arginine	A
	methionine (or START)	threonine	lysine	arginine	G
G	valine	alanine	aspartate	glycine	U
	valine	alanine	aspartate	glycine	C
	valine	alanine	glutamate	glycine	A
	valine	alanine	glutamate	glycine	G

شکل ۱۳.۱ کد ژنی. کدون هاي mRNA بصورت قطعات سه تائي " خوانده " مي شود. ۶۱ باز سه تائي به اسيدهاي آمينه ويژه مربوط ميشود. سه تاي ديگر علائمي هستند که ترجمه راپايان ميدهند. ستون سمت چپ عمودي گزينه اول سه نوکلئوتيد کدون های mRNA را مشخص ميکند. رديف افقي در بالا فهرستي از گزينه هاي کدون دوم ميدهد. ستون سمت راست عمودي گزينه هاي سومين کدون را فهرست ميکند. براي مثال اگر از چپ به راست بخوانيم، سه باز | U | G | G | به تريپتوفان و | U | U | U | و | U | U | C | به فنيل آلانين مربوط ميشود.

۶. آنتي کدون ها با—— جفت ميشود.

a. کدون هاي mRNA
b. کدون هاي DNA
c. آنتي کدون هاي tRNA
d. اسيدهاي آمينه

۷. عبارات زير را با مناسبترين توضيح آن مطابقت دهيد.

a. بخش هاي تکميل شدهَ رونوشت mRNA
b. سه قلوي بازي که براي اسيد آمينه رمز (code) ميدهد.
c. دومين مرحله ترجمه
d. سه قلوي بازي که با کدون جفت ميشود.
e. يك عامل محيطي که موجب بروز جهش در DNA ميشود.
f. ۶۴ کدون mRNA
g. بخشهاي غير رمز دار رونوشت pre- mRNA که در زمان ترجمه جدا مي شوند.

____ alkylating agent
____ chain elongation
____ exons
____ genetic code
____ anticodon
____ intron
____ codon

فصل ١٤ کنترل ژني

مفاهيم اصلي

١. اگر چه همهٔ سلولها در پرسلولي ها ژن هاي يکسان به ارث ميبرند، اين ژن ها در سلولهاي مختلف فعال يا سرکوب ميشوند. سلولها به صورت انتخابی و کنترل شده از مخازن ژني خود پروتئين هائي ميسازند که ساختمان، کار و محصولات آن سلول را تعيين مي کنند.

٢. در سلولها عوامل کنترل کننده در بيان ژن دخالت کرده و نوع ، مقدار، و زمان ظهور محصول ژني را تعيين ميکنند. زمان ايفاء نقش توسط مکانيسمهاي کنترل کننده به نوع سلول، شرايط شيميايي و دريافت علائم خارجي از سلولهاي ديگر بستگي دارد که ميتوانند فعاليت سلول هدف را تغيير دهند.
اين کنترل از طريق پروتئين هاي تنظيم کننده (regulatory) و ساير مولکولهائي که قبل از رونويسي ژن يا در حين و بعد از آن فعاليت ميکنند اعمال ميشود. اين عناصر بر DNA، RNA ئي که از DNA رونويسي شده، و محصولات ژني (زنجيره هاي پلي پپتيدي يا پروتئينهاي نهائي) اثر متقابل ميگذارند.

٣. کنترل کننده هاي سلولهاي پروکاريوتي و يوکاريوتي سرعت رونويسي ژن را بر مبناي تراکم مواد غذائي و ساير مواد تنظيم ميکنند. در يوکاريوتي هاي پيچيده، کنترل کننده ها به رشد و نمو کمك کرده و باعث بيان انتخابي بخشي از ژنهاي يکسان در اجداد مختلف سلولي ميشوند. اين بيان ژني موجب تمايز در ساختمان، عمل، و ترکيب سلول ميشود.
هنگاميکه در بافتهاي در حال نمو موجودات يوکاريوتي سلولهاي جديد به هم برخورد کرده و بر سلولهاي مجاور خود از طريق هورمون ها و ساير مولکولهاي علامت دهنده اثرمي کنند، کنترل کننده ها وارد عمل ميشوند.

٤. از عوامل کنترل کننده ميتوان پروتئين هاي تنظيم کننده (regulatory) شامل فعال کننده ها يا مهار کننده هاي رونويسي، هورمون ها و بعضي از توالي هاي DNA را نام برد. اين عوامل علاوه بر يکديگر بر عمل کننده ها(operators)، ساير عوامل کنترل کننده DNA ، RNA، و محصولات ژني اثر ميگذارند.
فاکتورهاي کنترل کننده به نام پيش برنده ها (promoters)، مکانهاي مولکول DNA ميباشند که شروع يك ژن را نشان ميدهند. افزاينده ها(enhancers) مکانهاي مولکول DNA براي پروتئينهاي فعال کننده اند (activator proteins).

٥. در انواع سلولها، دو نوع سيستم کنترل کننده رونويسي ژني را افزايش داده يا مهار ميکند. در سيستمهاي کنترل منفي، يك پروتئين تنظيم کننده به توالي ويژهَ DNA اتصال پيدا کرده و رونويسي يك يا چند ژن را مهار ميکند. در سيستمهاي کنترلي مثبت، يك پروتئين تنظيم کننده به DNA متصل شده و رونويسي را به جلو مي برد.

٦. برخلاف سلولهاي يوکاريوتي، بيشتر سلولهاي پروکاريوتي براي رشد و توليد مثل خود به ژنهاي فراوان نياز نداشته و سيستم هاي کنترلی آنان سرعت رونويسي را براساس مواد غذائي موجود تنظيم ميکند. مثال آن کنترل اُ پرون ها است که به معني دسته بندي ژنها و عناصر کنترل کننده ايست که بهم وابسته اند.
سلولهاي يوکاريوتي در مقايسه با سلولهاي پروکاريوتي از کنترل ژني پيچيده تري برخوردار بوده و بيان ژن با شرايط محيط و زمان طولاني رشد و نمو تغيير ميکند.

a) عدم فعاليت کروموزوم X در جنين XX پستانداران نتيجهَ تأثيرات متقابل محصول يك ژن ايکسي و فاکتورهاي کنترل کنندهَ يك کروموزوم X ميباشد. اين نوع تأثير مثالي است از dosage compensation يا توازن در مقدار استعمال که مکانيسم ضروري در برقراري توازن بيان ژن در جنسيت ها ميباشد.
b) هورمونها و فيتوکرومها دو مولکول علامت دهنده اند که در بيان انتخابي ژن و رونويسي نقش دارند.
c) تغييرات شيميايي که مناطق ژني را فعال يا مهار ميکنند، بيان ژن را کنترل ميکنند، مثل مهار کروموزوم X.

۷. محصولات ژني محل بازرسي (checkpoint) چرخه سلولي را پيشرفت داده ، به تأخير انداخته يا مهار ميكند. اين محصولات شامل عوامل رشد (growth factors) و كينازهاي پروتئيني ميباشد. بعضي از جهشهاي ژني در اين مكان به سرطان منجر ميشود. شكل جهش يافتهَ اين ژن يك اُنكوژن (oncogene) است.
كنترل طبيعي چرخه سلولي و مكانيسم هاي برنامه ريزي شدهَ مرگ سلول در سرطان از بين ميرود. ساختمان و عمل غشاء پلاسمائي و سيتوپلاسم در سلولهاي سرطاني بشدت تضعيف ميشوند. تقسيم و رشد اين سلولها غير طبيعي است. مكانيسم هاي مرگ سلول متوقف ميشود. سلولهاي سرطاني به بافت مولّد خود بخوبی نمي چسبند و در صورت عدم ريشه كني كشنده اند.

خودآزمائي Self Quiz

۱. تمايز سلولي ـــــ .
a. در موجودات پرسلولي پيچيده اتفاق مي افتد.
b. در سلولهاي مختلف با ژن هاي مختلف انجام مي گيرد.
c. شامل بيان ژني انتخاب شده است.
d. موارد a و c
e. همه موارد

۲. بيان يك ژن به ـــــ بستگي دارد.
a. نوع و كار سلول
b. اوضاع شيميايي
c. علائم محيطي
d. همه موارد

۳. پروتئين هاي تنظيم كننده (Regulatory) با ـــــ فعل و انفعال دارد.
a. DNA
b. RNA
c. محصولات ژني
d. همه موارد

۴. توالي باز ها كه علامت شروع يك ژن است ـــــ ناميده ميشود.
a. پيش برنده (promoter)
b. عمل كننده (operator)
c. افزاينده (enhancer)
d. پروتئين فعال كننده (activator)

۵. در سلولهاي پروكاريوتي، ـــــ قبل از ژنهاي يك اپرون قرار ميگيرد.
a. مولكول لاكتوز
b. پيش برنده (promoter)
c. عمل كننده (operator)
d. موارد b و c

۶. اپرون معمولا ـــــ را كنترل مي كند.
a. ژنهاي باكتري
b. يك ژن يوكاريوتي
c. انواع ژنی
d. همانند سازي DNA

۷. ژنهاي يوكاريوتي ـــــ را هدايت ميكند.
a. فعاليتهاي كوتاه و سريع
b. رشد همه جانبه
c. نمو
d. همه موارد

۸. عدم فعاليت كروموزوم X موردي از ـــــ است.
a. غير طبيعي بودن كروموزوم
b. توازن در مقدار استعمال (dosage compensation)
c. گربه هاي غير عادي calico
d. زنان غير عادي

۹. هورمون ها رونويسي ژن را در سلولهاي هدف ـــــ .
a. پيشرفت می دهند
b. مهار می كنند
c. سهيم می شوند
d. موارد a و b

۱۰. Apoptosis یعنی:

a. تقسیم سلولی بعد از آسیب شدید به بافت

b. خودکشی برنامه ریزی شدهٔ سلول

c. صدای ضربه در انگشت جهش یافته پا

۱۱. پروتئازهای ICE-Like ——— هستند.

a. پروتئینهای ساختمانی
b. سلاح های کشنده یا آنزیمهای مرگ سلولی
c. علائم محیطی
d. آنزیمهای دمای پائین

۱۲. عبارات زیر را با مناسبترین توضیح آن مطابقت دهید.

——— phytochrome   a. رونویسی ژن را مهار میکند.

——— Barr body   b. شکل جهش یافته ژن که موجب سرطان میشود.

——— oncogene   c. هورمونی که در چرخه زندگی حشرات نقش اصلی دارد.

——— repressor   d. به سازگاری گیاهان با تغییرات روزانه و فصلی نور کمک میکند.

——— ecdysone   e. کروموزوم غیر فعال X

49

فصل ۱۵ دي. ان. آي نوتركيب و مهندسي ژنتيك

مفاهيم اصلي

۱. دست كم سه بيليون سال است كه رويدادهاي ارثى شامل جهش هاي بيشمار ژني، كراسينگ اُور، نوتركيبي، و ساير پديده هاي طبيعي درحال وقوع در طبيعتند.

۲. هزاران سال است كه بشر از راه انتخاب مصنوعي ويژگيهاي ارثى گونه ها را دستكاري مي كند. امروزه بشر عمدا از طريق تكنولوژي دي. ان. آي نوتركيب موجب تغييرات عظيم وراثتي در موجودات ميشود. اين دستكاريها مهندسي ژنتيك ناميده ميشود.
محققين از راه اين تكنولوژي مناطق ژني گونه هاي مختلف را جدا و خارج كرده يا بهم وصل ميكنند. سپس ژنهاى مورد نظر خود را زياد ميكنند. اين ژن ها و پروتئين هايي كه تعيين ميكنند در مقادير فراوان براي كاربردهاي عملي توليد مي شوند.
مهندسي ژنتيك شامل جدا سازي، تغيير، و الحاق ژن ها به درون يك موجود يا موجود ديگر است. هدف، تغيير سودمند ويژگيهايي است كه ژن ها تحت نفوذ دارند؛ مثل ژن درماني در انسان كه اختلالات وراثتي را معالجه يا كنترل ميكند يا موجب افزايش مقاومت در برابر بيماري ميشود.
سه فعاليت اصلي در تكنولوژي DNAي نوتركيب وجود دارد. ابتدا مولكولهاي DNA با آنزيمهاي مخصوص قطعه قطعه ميشود. سپس اين قطعات به درون پلاسميدها كه توليد مثل غيرجنسي دارند وارد ميشود. در آخر، قطعاتي كه داراي ژن هاي مورد نظر هستند تعيين شده و بطور سريع و پي در پي نسخه برداري ميشود.
ژنوم (genome) در واقع همهَ DNAي موجود در كروموزوم هاپلوئيد يك گونه است. درتكنولوژي دي. ان. آي نوتركيب يك ژنوم قطعه قطعه شده و اين قطعات بارها و بارها نسخه برداري مي شوند. بدين ترتيب نوكلئوتيدهاي يك ژنوم يا بخش ويژه اي از آن تجزيه و تحليل ميشود.
تكنولوژي دي. ان. آي نوتركيب و مهندسي ژنتيك در تحقيقات پزشكي و كشاورزي كاربرد دارند. منافع و خطرات احتمالي اجتماعي، حقوقي، اخلاقي و اكولوژيكي آن مانند هر تكنولوژي جديد ديگر بايد ارزيابي شود.

۳. يك روش براى ازدياد قطعات DNA استفاده از پلاسميدها يا ساير حامل هايي است كه به روش غيرجنسي تكثير مي يابند. بسياري از باكتريها علاوه بر كروموزوم باكتريايي، پلاسميد دارند كه پلاسميد حلقهٔ كوچك DNA با ژنهاي معدود ميباشد.

a. آنزيم هاي محدود كننده DNA (Restriction enzymes) را بطور متناوب برش داده و از آن قطعاتي با دم هاي تك رشته اي بوجود مي آورد. اين دم ها با دم هاي مكمل خود در DNAي پلاسميد كه با همين آنزيم قطع شده است جفت مي شوند.
b. DNA ليگاز كه يك آنزيم تعديل كننده است، بازهاي DNAي پلاسميد و DNAي خارجي را مهر و موم مي كند. پلاسميدي كه DNAي خارجي را مي پذيرد يك حامل تكثير غيرجنسي بوده و DNAي خارجي را به زاده هاي خود كه به سرعت تقسيم شده و جمعيتي را بوجود مي آورند منتقل مي كند. زاده ها نسخه هاي برابر DNAي خارجي را دارند. اين نسخه هاي يكسان در مجموع يك كلون يا تكثير غيرجنسي DNA مي باشد.

٤. محققان با دي. ان. آي كروموزومي يا cDNA كار مي كنند. cDNA رشته DNA اي است كه از رونوشت mRNA ي بالغ بوسيلهَ آنزيم ترانس كريپتاز معكوس كننده رونويسي شده باشد. cDNA براي يافتن مناطق DNA كه بيان ژني را كنترل مي كنند؛ مناطقي كه شامل اينترون ها* هستند؛ يا براي يافتن توالي اسيدهاي آمينهَ يك پروتئين انتخاب بهتري است.
در حال حاضر سريعترين روش براي افزايش قطعات كروموزومي DNA يا cDNA، واكنش زنجيره اي پلي مراز(PCR) ميباشد. كارخانجات باكتري سازي مورد نياز نيست زيرا واكنش ها در لوله آزمايش هم انجام پذيرند. در اين واكنش از نوكلئوتيدها و پرايمرها استفاده ميشود كه پرايمرها توالي كوتاه و ساختگي نوكلئوتيدهائي بوده كه با DNAي مكمل خود جفت ميشود و آنزيمهاي DNA پلي مراز پس از تشخيص شروع به همانند سازي مي كنند در هر بار همانند سازي تعداد قطعات دو برابر ميشود.
از طريق ' تنظيم خودكار DNA ' ميتوان ترتيب بازهاي دي. ان. آي كلون يا قطعات دي. ان. آ كه از راه واكنش زنجيره اي پلي مراز ازدياد حاصل كرده اند را تشخيص داد. در اين روش قطعاتي كه با يكي از

چهار نوكلئوتيد نشاندار شده اند، از طريق الكتروفورز ژلاتيني و بر اساس طول خود از هم جدا ميشوند. تحت نفوذ اشعه ليزر، هر باريكه نور رنگ ويژه اي را بيرون ميدهد.

۵. در گونه هايي كه توليد مثل جنسي دارند هيچ دو فردي را نمي توان يافت كه توالي بازهاي DNAي آنها كاملا يكسان باشد، مگر دو قلوهاي يكسان. براثر قطع و برش DNAي يك فرد با آنزيمهاي محدود كننده قطعاتي كه اثر انگشت DNA ناميده ميشوند حاصل ميشود.
بيش از ۹۹ درصد DNA ی انسانی با هم برابرند مگر در قطعات کوتاه و پیاپی بازهای تکراري مثل TTTC. تعداد و تركيب تكرارهاي پياپی منحصر به فرد بوده و ميتوان آنها را از طريق الكتروفورز ژلاتيني دريافت. انگشت نگاري DNA (DNA fingerprinting) در علوم دادگاهي و تعيين پدر كاربرد دارد. يك ماشين رنگها را در حين جدا سازي ژلاتين و گرد آوري كل توالي مي خواند.

٦. كتابخانه ژني مجموعه اي از سلولهاي باكتريايي است كه شامل كلون هاي مختلف DNA يا cDNA ميباشد. براي جدا كردن يك ژن از كتابخانهٔ ژني از قطعات DNA ي نشاندار و راديواكتيو استفاده ميشود كه شبيه يا همانند آن ژن بوده و با بازهاي آن جفت ميشود. در پيوند اسيد نوكلئيك (Hybridization) رشته هاي نوكلوتيدي با منشأ مختلف با هم جفت مي شوند.

خودآزمائي Self Quiz

۱. ــــــ به معني انتقال ژن هاي طبيعي به سلولهاي بدن به منظور اصلاح يك نقص ارثي است.
a. همانند سازي وارونه
b. پيوند اسيد نوكلئيك (Hybridization)
c. جهش ژني
d. ژن درماني

۲. قطعات DNA بر اثر قطع مولكول هاي DNA در نقاط ويژه بلــــــ حاصل ميشود.
a. DNA پلي مرازها
b. راديو ايزوتوپ قطعات بسيار كوتاه DNA
c. آنزيم هاي محدود كننده
d. RFLP ها (Restriction Fragment Length Polymorphisms)
قطعات DNA كه با آنزيمهاي محدود كننده شكسته شده اند.

۳. ــــــ حلقهٔ كوچك DNAي باكتري بوده كه از كروموزوم حلقوي آن مجزا مي باشد.

۴.DNA ي خارجي كه در پلاسميد جاي گرفته و چندين بار در جمعيت باكتريها همانند سازي ميشود يك ــــــ است.
a. كلون DNA
b. راديو ايزوتوپ قطعات بسيار كوتاه DNA
c. كتابخانهٔ ژني
d. نقشهٔ ژني

۵. ــــــ از طريق رونويسي وارونه برــــــ سوار ميشود.
a. mRNA ؛ DNA
b. cDNA؛mRNA
c. DNA؛ آنزيم ها
d. DNA؛ آگار*

۶. PCR مخفف كداميك از موارد زير است؟
a. polymerase chain reaction (واكنش زنجيره اي پلي مراز)
b. polyploid chromosome restrictions (محدوديت هاي كروموزوم پلي پلوئيد)
c. polygraphed criminal rating (برآورد مسائل جنايي با استفاده از نمودارهاي فراوان)
d. politically correct research (تحقيقات صحيح سياسي)

۷. با استفاده از الكتروفورز ژلاتيني ميتوان قطعات يك كتابخانه ژني را بر اساســــــ از هم جدا كرد.
a. شكل
b. طول
c. گونه

۸. تنظيم خودكار DNA به ــــــ بستگي دارد.
a. فراهم آوردن نوكلئوتيدهاي استاندارد و نشاندار

b. پرایمرها و پلي مرازها

c. الكتروفورز ژلاتيني و اشعه ليزر

d. همه موارد

۹. عبارات زير را با مناسبترين توضيح آن مطابقت دهيد.

—— DNA fingerprint
a. انتخاب صفات مطلوب

—— Ti plasmid
b. كشف رمز ۳/۲ بيليون جفت باز در ۲۳ كروموزوم انسان

—— Nature's genetic experiments
c. در انتقالات ژني بكار ميرود.

—— nucleic acid hybridization
d. آرايش انحصاری قطعات DNA كه مطابق با الگوي مندل از هر يك از والدين به ارث ميرسد.

—— Human Genome Initiative
e. جفت شدن رشته هاي DNA يا RNA با منشأ مختلف

—— eugenic engineering
f. كراسينگ اُور، جهش

52

فصل ١٦ ریز تکامل

مفاهيم اصلي

١. محققان از قرن پانزدهم به بعد اختلافات حیرت انگیز در توزیع جهاني گونه ها يافتند. آگاهي از تكامل زيستي و تغييرات نژ ادي در طی زمان، با بررسي اين عوامل حاصل شد : مقايسه شباهتها و تفاوتهاي موجود در طرح و ساختمان جنين و افراد بالغ گروههاي مهم جانوري (ريخت شناسي مقايسه اي)، توزيع جهاني گیاهی و جانوری (جغرافياي حيات)، و مشاهده فسيل در لايه هاي رسوبي. چارلز داروين و آلفرد واليس (Wallace) برای اولين بار پيشنهاد كردند كه انتخاب طبيعي باعث تكامل ميشود.

٢. چارلز داروين در زماني ظهور كرد كه محققان يافته هاي جديد حاصل از كاوشهاي جهاني، ريخت شناسي مقايسه اي و زمين شناسي را با اعتقادات فرهنگي زمان خود مطابقت ميدادند. داروين و واليس در توضيح اين يافته ها نظريه تكامل بر اثر انتخاب طبيعي را ارائه دادند. مبنای نظريه تكاملي ايشان "اختلاف در خصايص" است.
معمولا تعداد و انواع ژن در افراد يك جمعيت يكسان است ولي انواع مختلف آلل هاي يك ژن به بروز اختلاف در خصايص منجر ميشود. شكل مولكولي يك ژن بر اثر جهش بصورت دو يا چند آلل تغيير يافته و بر يك ويژگي اثر مي گذارد. افراد يك جمعيت كه تركيبات مختلف آلل ها را به ارث ميبرند در جزئيات يك ويژگي با هم اختلاف دارند. يك آلل ممكن است نسبت به انواع ديگر آلل هاي جايگاه ژني در جمعيت رواج پيدا كرده يا ناپديد شود. **ريز تكامل** (Microevolution) تغيير فركانس هاي يك آلل را در يك جمعيت در طول زمان بررسي مي كند.

٣. يك جمعيت زماني تكامل مي يابد كه برخي از صفات و آلل هاي مربوطه نسبت به انواع ديگر رواج يابند. اين پديده از طريق جهش، جريان ژني، جريان آهسته ژنتيكي و انتخاب طبيعي امكان پذير است (جدول ١٦.١).

جدول ١٦.١	*خلاصه فرآيند هاي ريز تكامل*
جهش:	تغيير وراثتي در DNA
انتخاب طبيعي:	تغيير يا تثبيت فركانس هاي يك آلل كه به بقاء و توليد مثل افراد يك جمعيت بستگي دارد.
جريان آهسته ژنتيكي:	نوسان فركانس هاي يك آلل در طي زمان كه فقط بر اثر رويدادهاي اتفاقی صورت مي گيرد.
جريان ژني:	تغيير فركانس هاي يك آلل در اثر ورود و خروج افراد به يك جمعيت.

٤. تنها منشأ آلل هاي **جديد** جهش هاي ژني(تغييرات قابل توارث در DNA) ميباشد. تركيبات جديد آلل هاي موجود به سبب كراسينگ أور، جور شدن مستقل در هنگام ميوز، و امتزاج آلل ها در زمان لقاح افزايش مي يابند.

انتخاب طبيعي اختلاف در بقاء و توليد مثل افراد يك جمعيت است كه در ويژگيهاي قابل توارث با هم متفاوتند. انتخاب طبيعي به تطابق و سازگاري با محيط منجر ميشود.

a. محدوديت ها دامنه تغيير پذيري يك صفت را به يكي از صور زير تغيير ميدهند: در يك جهت (انتخاب جهت دار **directional** selection) ، به سمت دو منتهي اليه (انتخاب مجزا شده **disruptive** selection)، يا حذف دو منتهي اليه و به سود انواع حد فاصل (انتخاب تعديل كننده **stabilizing** selection).

b . انتخاب ممكن است به چند شكلي متوازن (balanced polymorphism) منجر شود. يك جمعيت زماني در اين موقعيت قرار دارد كه آلل هاي يك صفت معين با فركانس بالاي يك درصد در طي نسل ها ادامه يابد.
c. انتخاب جنس نر و ماده صفاتي را بوجود مي آورد كه موفقيت توليد مثلي را موجب مي شود. دو شكلي جنسي (sexual dimorphism) كه اختلافات پاياي فنوتيپي بين جنس نر و ماده را شامل ميشود يكي از نتايج انتخاب جنسي (sexual selection) است.

جريان آهسته وراثتي تغييراتي است كه بطور اتفاقي و طي نسل ها در فركانسهاي يك آلل رخ ميدهد. اثر آن بر جمعيت هاي كوچك بيش از جمعيت هاي بزرگ است. بالاترين تأثير جريان آهستة وراثتي بر جمعيتي است كه اندازه آن بسيار كوچك شده و دوباره بحال اول برگردد (a bottleneck). در اين نوع جمعيت آلل ها اختلافات فنوتيپي بوجود مي آورند. مهاجرت افراد از جمعيت ديگر موجب برپائي يك زيرجمعيت كوچك در اين جمعيت ميشود.

جريان ژني تغيير در فركانسهاي يك آلل است كه به دليل حركت طبيعي آلل ها به درون يا خارج از يك جمعيت صورت ميگيرد(مهاجرت به درون يا مهاجرت از درون).

۵. ثبات ژنتيكي (Genetic equilibrium) حالتي است كه در آن تكامل يك جمعيت متوقف ميشود و اين تعادل بعنوان مبنايي براي اندازه گيري تغييرات بكار ميرود. بر طبق قانون هاردي – واينبرگ ثبات ژنتيكي فقط وقتي برقرار ميشود كه جمعيت مورد نظر بسيار بزرگ بوده و از ساير جمعيت هاي همان گونه جدا شده باشد؛ جهش و انتخابي صورت نمي گيرد؛ جفتگيري ها تصادفي بوده وهمه افراد بقاء و توليد مثل يكسان دارند.

خودآزمائي Self Quiz

۱. تعريف زيست شناسان از تكامل، ـــــ است.
a. منشأ يك گونه
b. تغييرات قابل توارث يك نژاد در طي نسل ها
c. توارث ويژگيهاي فردى

۲. داروين مشاهده كرد كه جمعيت هاي سهره هاي گالاپاگو:
a. ويژگيهاي مختلف نشان ميدهد.
b. به پرندگان آمريكاي جنوبي شباهت دارند.
c. براي زندگي در جزاير ديگر سازش يافته اند.
d. همه موارد

۳. ـــــ تكامل مي يابد، نه افراد.

۴. تغييرات ژنتيكي موجب افزايش تغييرات ـــــ ميشود.
a. مورفولوژيكي (ريختي)
b. فيزيولوژيكي (كاري)
c. رفتاري
d. همه موارد

۵. براي اولين بار كم خوني سلول داسي شكل در آسيا، خاورميانه، و آفريقا ظاهر شد. آلل مسبب آن زماني وارد جمعيت ايالات متحده شد كه مردم بالاجبار از آفريقا به آمريكا قبل از شروع جنگ داخلي مهاجرت ميكنند. اين مثال نمونهٔ ـــــ در عبارات ريزتكامل است.
a. جهش
b. جريان ژني
c. جريان آهسته وراثتي
d. انتخاب طبيعي

۶. انتخاب طبيعي زماني به انجام مي رسد كه:
a. خصايص با شرايط محيطي كاملا انطباق پذير نيست.
b. افراديكه در يك يا چند صفت با هم متفاوتند، در بقاء و توليد مثل نيز با هم متفاوتند.

c. موارد a و b

۷. انتخاب جهت دار:
a. آلل هاي غير عادي را حذف ميكند.
b. فركانس هاي آلل را به سمت و سوي ثابت و استوار سوق ميدهد.
c. اشكال حد واسط يك صفت را ياري ميدهد.
d. بر ضد صفات موافق (adaptive traits) عمل ميكند.

۸. انتخاب مجزا شده :
. آلل هاي غير عادي را حذف ميكند.
b. فركانس هاي آلل را به سمت و سوي ثابت و استوار سوق ميدهد.
c. اشكال حد واسط يك صفت را يارى نميدهد.
d. موارد b و c

۹. مفاهيم تكامل را با يكديگر مطابقت دهيد.
a. منشأ آلل هاي جديد —— gene flow
b. تغييراتي كه فقط بر اثر تصادف در فركانس هاي آلل يك جمعيت حاصل شود. natural selection——
c. تغيير در فركانسهاي يك آلل كه حاصل مهاجرت به داخل، خارج، يا هر دو ميباشد. mutation——
d. اختلاف در بقاء و توليد مثل افراد —— genetic drift

فصل ۱۷ نمو گونه ها

مفاهیم اصلي

۱. از نظر مفاهيم زيستي، يك گونه عبارت از يك يا چند جمعيت است كه با هم جفتگيري كرده و تحت شرايط طبيعي فرزندان باروري بوجود مي آورند كه از لحاظ تناسلي از ساير جمعيت ها مجزا هستند. مطابق اين تعريف، اساس شناخت يك گونه سهم آلل هاي آن در ارتقاء و حفظ تمايز توليد مثلي بوده و فقط براي موجوداتي است كه توليد مثل جنسي دارند. يك گونهٔ جانوري را مي توان تا حدودي از روي ساختار يا مورفولوژي آن شناخت.
جمعيت هايي كه به يك گونه تعلق دارند، تاريخچهٔ وراثتي مشترك داشته، ارتباط وراثتي خود را طي زمان حفظ كرده و بطور مستقل از ساير گونه ها تكامل مي يابند.

۲. نمو گونه ها يا كسب تمايز توليد مثلي فرآيندي است كه در آن یک گونه از يك جمعيت يا زيرجمعيت گونه والد تكامل مي يابد.
a. انشعاب ژنتيكي زماني پيشرفت مي كند كه چند مانع جغرافيائي جريان ژني بين جمعيت هاي يك گونه را متوقف سازد. مخازن ژني جمعيت هاي جدا شده با هم اختلاف زياد پيدا كرده زيرا فرآيندهاي ريزتكامل در هر جمعيت بطور مستقل عمل مي كند.
ممكن است چنين جمعيت هايي در آلل هاي ويژه كه خصايص مرفولوژيكي، فيزيولوژيكي، يا رفتارهاي توليد مثلي را تحت تأثير قرار ميدهند، اختلاف داشته باشند. اگر اختلافات وراثتي كه بر توليد مثل تآثير ميگذارند بسيار شود جمعيت ها ديگر قادر به جفتگيري با هم نخواهند بود حتي اگر در يك مكان زندگي كنند. به اين ترتيب نمو گونه ها كامل مي شود.

b. ممكن است فرآيند هاي ريزتكامل مثل جهش، انتخاب طبيعي و جريان آهسته ژنتيكي، مكانيسم هاي جدائي تناسلي را بطور تصادفي در هر جمعيت بالا ببرند. اين مكانيسم ها مانع جفتگيري بين جمعيت ها شده و اختلافات برگشت ناپذير بين آنان را افزايش ميدهد.

c. همچنين پلي پلوئيدي يا ساير تغييرات در تعداد كروموزومها مي تواند موجب نمو آني گونه ها شود.

۳. سه طرح متداول نمو گونه ای عبارتند از:
a. نمو ناهم بوم (Allopatric speciation) كه در آن موانع جغرافيائي مانع برقراري جريان ژني بين جمعيت هاي يك گونه مي شود. بموجب انشعاب وراثتي پديد آمده، جفتگيري بين جمعيت ها صورت نخواهد گرفت حتي اگر افراد آن با هم تماس برقرار كنند. نمو ناهم بوم شايع ترين مسير نمو گونه ها است.
b. نمو هم بوم (Sympatric speciation) كه در آن جدائي توليد مثلي افراد در حوزهَ خانگي يكسان منجر به نمو گونه ها ميشود. مثال آن نمو گونه ها از راه پلي پلوئيدي است. گونه ها در نمو هم بوم در حوزهَ گونهٔ والد تشكيل مي شوند.
c. Parapatric speciation: حاصل تبادل آزاد ژني بين دو جمعيتي است كه در كنار هم زندگي كرده ولي محيط زندگي آنان با هم متفاوت است. گونه هاي بوجود آمده، تماس خود را با حوزه هاي والديني در امتداد يك مرز مشترك حفظ ميكنند.

٤. مكانيسم هاي جدا كننده پيش تخمي (Prezygotic isolating mechanisms) مانع گرده افشاني يا جفتگيري بين افراد جمعيت ها ميشود. اين مكانيسم ها اختلاف در زمان توليد مثل يا رفتارهاي توليد مثلي، عدم انطباق در ساختارهاي توليد مثلي يا گامت ها و سكونت در ريز محيطهاي مختلف يك منطقه را شامل ميشود. مكانيسم هاي پس تخمي (Postzygotic mechanisms) كه پس از لقاح و در مرحله نمو جنين تأثير مي گذارند، موجب مرگ زودرس، عقيمي، يا فرزندان دورگهَ ناسالم مي شود.

٥. دودمان ها از نظر زمان، سرعت، و جهت نمو گونه هاي خود با هم متفاوتند. نمو گونه ها تدريجي، بسرعت، يا به هر دو شكل پيش ميرود. انشعاب گسترده يك دودمان كه به معني ظهور ناگهاني انشعابات آن در مدت معين زمين شناسي مي باشد، يك تشعشع سازوار پذير است. ممكن است يك دودمان در زمان شروع قلمروهاي سازوار پذير (روشهاي جديد زندگي) در يك مكان حضور فيزيكي داشته باشد؛ در اينصورت

ميتواند بواسطهٔ تغييرات اصلي به قلمروهاي خود دسترسي پيدا كند. ممكن است وارد مناطق خالي از سكنه شده يا گونه هاي مقيم را جابجا كند.

٦. نمودار درخت تكاملي ارتباط بين گونه ها را نشان ميدهد. هر شاخهٔ درخت معرف يك دودمان است. محل انشعاب شاخه ها حوادثي چون انتخاب طبيعي، جريان آهستهٔ وراثتي و ساير فرآيندهاي ريزتكامل را كه موجب نمو گونه ها ميشود، نشان ميدهند.

٧. انقراض به معني فقدان برگشت ناپذير يك گونه مي باشد. حدود ٢٠ عدد اثر فسيلي يا بيشتر، انقراضات عظيم را نشان ميدهد، يعني حوادث فاجعه انگيزي كه در آن همه افراد خانواده يا گروههاي بزرگ بطور ناگهاني از بين رفتند.

٨. دوام، انشعاب، و انقراض گونه ها دامنه تنوع حياتي را نشان ميدهد (جدول ١٧.١).

جدول ١٧.١ *خلاصه فرآيندها و الگوهاي تكامل*

فرآيندهاي ريز تكامل (Microevolution)	
جهش	منشأ اصلي آلل ها
جريان ژني	همبستگي گونه ها را حفظ مي كند.
جريان آهسته وراثتي	همبستگي گونه ها را خدشه دار مي سازد.
انتخاب طبيعي	همبستگي گونه ها را مطابق با محدوديت هاي محيط حفظ كرده يا كاهش مي دهد.
ثبات يك گونه يا تغيير آن نتيجه برقراري توازن يا عدم آن بين اين فرآيندها است كه آثار آنان تحت تأثير اندازه جمعيت و شرايط حاكم بر محيط قرار دارد.	
فرآيندهاي تكامل بزرگ (Macroevolution)	
دوام ژنتيكي	اساس وحدانيت در حيات و مبناي بيوشيميايي و مولكولي وراثت است. از نخستين سلول تا خطوط نسبي (دودمان هاي) متعاقب ادامه مي يابد.
انشعاب ژنتيكي	مبناي تنوع حيات كه از راه انتقالات سازوار پذير، انشعابات و تشعشعات اعمال ميشود. سرعت تغيير و زمان آن در درون و بين دودمان ها متفاوت است.
گسيختگي ژنتيكي	انقراض عظيم حوادث فاجعه انگيزي هستند كه در آن گروههاي بزرگ بطور ناگهاني و هم زمان از بين ميروند. به اين ترتيب گونه ها منقرض ميشوند.

خودآزمائي Self Quiz

١. افراد يك گونه كه توليد مثل جنسي دارند:
a. ميتوانند در شرايط طبيعي با هم جفتگيري كنند.
b. ميتوانند فرزندان بارور بوجود آورند.
c. تاريخچه وراثتي مشترك دارند.
d. همه موارد

٢. مكانيسم هاي جداسازي توليد مثلي:
a. مانع جفتگيري مي شوند.
b. مانع جريان ژني مي شوند.
c. انشعابات وراثتي را تقويت مي كنند.
d. همه موارد

۳. سكونت افراد در حوزهَ مشترك دو منطقه و توليد مثل آنان در زمانهاي مختلف، مثالي از جداسازي_____ است.

a. پس تخمي
b. مكانيكي
c. زماني (temporal)
d. سلول جنسي

۴. در نمودار درخت تكاملي، شروع شاخه نشانگر_____ و پايان شاخه نشانگر_____ است.

a. يك گونهَ منفرد، مفروضات ناتمام يك دودمان
b. يك گونهَ منفرد، انقراض
c. زمان انشعاب، انقراض
d. زمان انشعاب، تكميل نمو گونه ها

۵. نمودار درخت تكاملي كه شاخه هاي افقي آن ناگهان عمودي شود با_____ موافق است.

a. مدل تدريجي نمو گونه ها
b. مدل نقطه دار نمو گونه ها * (Punctuation model of speciation)
c. تغييرات كوچكي كه طي زمانهاي طولاني در شكل ها حاصل مي شود.
d. موارد a و c

۶. هر عبارت را با مناسبترين توضيح آن مطابقت دهيد.

a. ظهور ناگهاني انشعابات وراثتي از يك دودمان منفرد — cladogenesis _____
b. محو و نابودي فاجعه انگيز گروههاي اصلي — anagenesis _____
c. خطوط نسبي (دودمانهاي) منشعب — adaptive radiation (تشعشع سازوارپذير) _____
d. دودماني كه يك گونهَ خود را از دست داده باشد. — extinction event (رويداد انقراض) _____
e. تغيير ژنتيكي و ريختي دودمان غير منشعب — mass extinction (انقراض عظيم) _____

فصل ۱۸ معماي تكامل بزرگ

مفاهيم اصلي

۱. گونه هاي گذشته و حال كره زمين از طريق اجداد مشتركشان كه اولين سلولهاي زندهَ روي زمين بوده اند، ارتباط پيدا ميكنند. در بعضي از گونه ها اين ارتباط نزديك است و در برخي ديگر دور. تكامل بزرگ كه سلسله هاي اصلى را دربرميگيرد، به جهت و سرعت تغيير خطوط نسبي و دودمان ها در طول تاريخ حيات اشاره دارد. آثار فسيلي، آثار زمين شناسي، ريخت شناسي مقايسه اي، بيوشيمي مقايسه اي، و پرتوسنجي صخره ها، شواهد گستردهَ تكامل بزرگ هستند. اين شواهد مبتني بر شباهتها و تفاوتهاي فرم بدن، وظائف، رفتار و بيوشيمي ميباشد. مقايسهَ فرم بدن در گروههاي اصلي ارتباط تكاملي را آشكار ميكند. غالبا افراد بالغ و جنين دودمانهاي مختلف شباهتهائي در يك يا چند قسمت بدن دارند كه نشان ميدهد يك نياي مشترك دارند. همچنين مقايسه بيوشيميايي در درون و بين دودمانهاي اصلي مدرك مستحكم بر تكامل بزرگ است. شواهد گذشته نشان ميدهند كه يك وابستگي ممتد در طبيعت همواره وجود داشته است.

۲. فسيل ها مدارك فيزيكي و قابل تشخيص حيات در گذشته هاي دور هستند و زماني شروع به تشكيل ميكنند كه يك موجود زنده يا بقاياي آن در رسوبات يا خاكسترهاي آتشفشاني مدفون ميشود. بقاياي آلي بتدريج با مواد معدني پُر ميشود. رسوبات بالاي آن جمع ميشود و ازياد فشار همراه با تغييرات شيميائي، اين بقايا را سخت و سنگي ميكند.

a. فسيل ها در لايه هاي صخره هاي رسوبي قرار ميگيرند. عميق ترين لايه ها كه در ابتدا رويهم انباشته ميشوند قديمي ترين لايه ها هستند. بنابراين هر چه لايه ها قديمي تر باشند فسيل ها نيز قديمي ترند.

b. آثار فسيلي بر حسب نوع گونه، مكان و بي حركتي مدفن آن در زمان تشكيل فسيل كامل ميشوند.

آثار فسيلي جزئيات تغييرات نسبي را آشكار ميكند. اين آثار هيچگاه جزئيات خود را كامل نميكند و در بين آنها رخنه هائي ديده ميشود. بخشهاي گم شده به حركات قشر زمين و ساير رويدادهاي زمين شناسي مربوط ميشود. همچنين ميدانيم كه احتمال تشكيل فسيل از ابتدا ضعيف بوده است.

شکل ۱.۱۸ فسیل هایی که در رسوبات زیر دریا بوجود آمدند ولی به علت حرکات رو به بالای زمین در دوران زمین شناسی در صخره ها جای گرفتند (موزهٔ تاریخ طبیعی انگلستان- لندن).

دانشمندان از تغييرات ناگهاني كه در گردآوري يك فسيل فراهم مي آيد بعنوان ابزاري براي تعيين مرزهاي زمين شناسي استفاده مي كنند. در مقياس جديد، حيات از دورهَ آركين (Archean) آغاز و به ترتيب تا دوره هاي پروتروزوئيك (Proterozoic)، پالئوزوئيك (Paleozoic)، مزوزوئيك (Mesozoic)، و سنوزوئيك (Cenozoin) گسترش يافته است.

۳. كرهَ زمين نيز مانند حيات تكامل پيدا كرده و بعضي از خصوصيات آن با ظهور و فرسايش تدريجي كوهها تغيير يافته است. بعضي ديگر از حالات زمين بطور برگشت ناپذير تغيير يافته كه در نظريهَ تكتونيك صفحه اي (Plate Tectonics Theory) بررسي ميشود:

a. قشر زمين بصورت صفحات بزرگ، سخت و نازك و به آرامي از هم جدا ميشود و با هم تصادم كرده و اجرام خشكي را با خود حركت ميدهد.
b. جريان عظيم مواد مذابي كه از درون زمين منشأ مي گيرد اين حركات را به پيش ميبرد. اين مواد از شيارهاي وسط اقيانوسي به بيرون تراوش كرده، سرد و سخت شده و بطور جانبي جايگزين طبقات قديمي ميشود. گسترش طبقات اقيانوسي موجب ميشود كه پوستهَ قديمي بدرون گودال هاي عميق رانده شود. دامنهَ عظيم كوهها كه به موازات سواحل قرار دارد در نتيجهَ رخنه يك صفحه به زير صفحهَ ديگر تشكيل و بالا آمده اند.
c. تغييرات عظيم و طولاني در خشكي ها اقيانوس و اتمسفر را تغيير داده كه آنها به نوبهَ خود تأثير عميق بر تكامل حيات داشته اند.

جغرافياي حيات به معناي مطالعه توزيع گونه ها در زمان و مكان است. نظريه حركات قشر زمين جنبه هاي مبهم توزيع جهاني حيات در گذشته را توضيح ميدهد.

۴. در اغلب موارد ريخت شناسي مقايسه اي شباهتهايي را آشكار ميكند كه ارتباط تكاملي را منعكس ميسازد.

a. در موارد اختلاف مرفولوژيكي (morphological divergence) در دودمانهاي مختلف يك نياي مشترك، بخشهاي بدني مشابه به طرق مختلف تغيير كرده اند. اين تغييرات در ساختارهاي متجانس حاصل ميشود؛ يعني قسمتهايي از بدن با وجود اختلاف در اندازه، شكل، يا عملكرد بخاطر داشتن يك نياي مشترك بهم شباهت دارند.
b. در موارد تقارب ريختي (morphological convergence) اجزاي بدني نامتشابه در اجداد مختلف در پاسخ به محدوديت هاي محيطي يكسان بطور مستقل تكامل پيدا مي كنند. اجزاي بدن بخاطر سازگاري با محدوديت هاي محيطي يكسان شبيه هم ميشوند؛ نه بخاطر داشتن نياي مشترك.

۵. شباهت در نمو نشانه ارتباط تكاملي است. احتمال ميرود كه اختلافات مرفولوژيكي بين دودمانهاي وابسته بخاطر تغييرات DNA باشد كه شروع نمو يا سرعت آن را تغيير ميدهد، مثلا ترانسپوزون ها (transposons) بيان ژني انسان نسبت به شمپانزه را تغيير داد.

۶. بيوشيمي مقايسه اي، شباهتها و تفاوتهاي گونه اي را در سطح مولكولي آشكار ميكند.

a. دو رگه سازي اسيد نوكلئيك يا جفت كردن بازهاي DNA يا RNA از دو منبع، مقياس فاصله تكاملي بين آنهاست. توالي سازي خودكار ژني راه سريعی براي مقايسه DNAي هسته، DNAي ميتوكندري و RNAي ريبوزومي مي باشد. برنامه هاي كامپيوتري از نتايج آن براي ترسيم شجره نامه ها استفاده ميكنند.
b. ژن هاي نگهداري شده (conserved)، جهش هاي خنثي هستند. جهش ها مثل تيك تاك هاي قابل پيش بيني يك ساعت به نوبت انجام ميگيرند. با ترسيم يك نمودار كه در آن اختلافات بازی يا اسيدهاي آمينه در گونه هاي مختلف در برابر يك سري نقاط منشعب آثار فسيلي قرار ميگيرند اختلافات زماني گروهها را ميتوان تعيين كرد.

۷. زیست شناسان در مطالعه تنوع حیات از علم رده بندي، ژنتیك دودمان ها، و طبقه بندي بهره میگیرند. علم رده بندي تعیین و نامگذاري گونه هاي جدید است. ارتباطات تکاملي ژنتیك دودمان ها از طریق آنالیزهاي ویژه استنباط میشود. اطلاعات گونه ای در علم طبقه بندي قابل بازیافت است.

دانشمندان علم رده بندي نامها را تعیین و گونه ها را رده بندي میکنند. هر موجود زنده در سیستم دونامي لینه با یك نام لاتین دو قسمتي تعیین میشود. اولین بخش (جنس) گونه هایي را تعیین میکند که از نظر ریختي مشابه بوده و از یك نیاي مشترك سرچشمه گرفته اند. نام یك گونه مخصوص در ترکیب با قسمت دوم نام (لقب گونه) تعیین مي گردد.
طرحهاي رده بندي (Taxa)، روشهاي سازمان یافته اي هستند که اطلاعات گونه ها را بازیابي و از واحدهاي طبقه بندي کلي تري چون جنس، تیره، راسته، رده، شاخه، سلسله استفاده میکنند. فیلوژنتیك(فیلتیك) که رده بندي موجودات زنده بر اساس تاریخ تکامل آنها میباشد، ارتباط تکاملي را منعکس میسازد.
در این کتاب طرح فیلوژنتیك شش سلسله اي شامل آرکئوباکتریها، یوباکتریها، پروتیستا، گیاهان، قارچها، و جانوران مورد بررسي قرار مي گیرد.

خودآزمائي Self Quiz

۱. ممکن است تقارب ریختي(morphological convergence) به—— منجر شود.
a. ساختارهاي آنالوگ
b. ساختارهاي هومولوگ
c. ساختارهاي واگرا
d. موارد a و c

۲ . تغییرات وراثتي DNA که بیان کننده تفاوتهاي مرفولوژیکي بین دودمان ها میباشد:
a. اکثرا بوسیله ترانسپوزون ها* بوجود مي آید.
b. شروع، سرعت، و زمان مراحل نمو را تحت تأثیر قرار میدهد.
c. موارد a و b

۳. سیستم رده بندي ——— براساس ارتباط تکاملي میباشد.
a. اپي ژنیك
b. لینه
c. فیلوژنتیك
d. موارد b و c

۴. Pinus banksiana، Pinus strobus، Pinus radiata:
a. سه خانواده درخت کاج مي باشند.
b. سه نام مختلف یك موجود زنده مي باشند.
c. سه گونه یك جنس هستند.
d. موارد a و c

۵. واحدهاي طبقه بندي (Taxa) ، از ——— تا ——— کلي تر میشود.
a. سلسله، گونه
b. سلسله، جنس
c. جنس، سلسله
d. گونه، سلسله

۶. عبارات زیر را با یکدیگر مطابقت دهید.
a. ذخیره جهش هاي خنثي
b. شواهد حیات در گذشته دور
c. اجزاي بدني مشابه در دودمان هاي مختلف که نیاي مشترك دارند.
d. بال حشره و بال پرنده
e. ارتباط تکاملي گونه ها از اجداد تا اولاد
f. لایه هاي رسوبی

——— phylogeny
——— fossil
——— stratification
——— homologous structure
——— molecular clock
——— analogous structure

فصل ۱۹ منشأ حيات و تكامل آن

مفاهيم اصلي

۱. امروزه شواهدي در دست داريم كه نشان ميدهد حيات در حدود ۳/۸ بيليون سال قبل آغاز شده است. تكامل حيات با بيگ بنگ (Big bang) آغاز ميشود كه طرحي براي منشأ كائنات است. در اين طرح، همه مواد و فضا به يكباره و تحت شرايط زودگذر و غير قابل باور گرما و غلظت متراكم شدند. مسئله وقت و زمان كه تا حال ادامه دارد با توزيع تقريبا آني ماده و انرژي در سراسر كائنات شروع شد. بلافاصله پس از بيگ بنگ، هليم و ساير عناصر سبك ساخته شدند. عناصر سنگين تر براثر تشكيل، تكامل و اضمحلال ستارگان بوجود آمدند. همه عناصر منظومه شمسي، زمين و حيات، محصول اين تكامل فيزيكي و شيميايي هستند.

۲. كره زمين در چهار بيليون سال قبل از يك هسته پرتراكم، منطقه زيرقشري به نام mantle با تراكم متوسط و قشر نازك و بسيار بي ثبات سنگهاي كم تراكم ساخته شده بود. احتمالا اكثر اتمسفر اوليه از گازهاي هيدروژن، نيتروژن، منواكسيد كربن، و دي اكسيد كربن ساخته شده بود. آب و اكسيژن آزاد در آن شرايط نميتوانستند بر سطح زمين جمع شوند.
طرز تشكيل درياهاي اوليه در چهار صد ميليون سال قبل به اين ترتيب بوده است كه قطرات باران نمكهاي معدني و ساير تركيبات را پس از سرد شدن قشر زمين در فرورفتگيهاي آن قرار دادند. حيات در مفهوم كنوني اش بدون وجود اين آب نمك دار نمي توانست آغاز شود.
حيات از بدو آن تحت تأثير تغييرات اتمسفر زمين، پوسته زمين، و اقيانوسها قرار گرفته است. اين تغييرات عبارتند از: برخورد سنگهاي آسماني يا سياركها، فعاليتهاي آتشفشاني و حركات صفحات قشري. اين نيروها توزيع خشكيها، درياها، و آب و هواي منطقه و جهان را دگرگون كرد و تأثير عميقى بر جهت تكامل داشت. نيروهاي عظيم ديگر كه اين تغييرات را ايجاد ميكنند عبارتند از: فعاليت فتوسنتز كننده هاي آزاد كننده اكسيژن و اخيراً گونه انسان.

۳. بسياري از مطالعات و آزمايشها بطور غيرمستقيم نشان ميدهند كه در شرايط حاكم بر زمين اوليه، همۀ تركيبات آلي و غيرآلي مورد نياز براي توليد مثل، توليد غشاء و متابوليسم سلولها خودبخودي تشكيل شدند.

a. تركيب غبارهاي كيهاني، سنگهاي سياره ای و ماه نشان ميدهد كه مواد تشكيل دهنده مولكولهاي پيچيده حيات حضور داشته اند. در تجربيات آزمايشگاهي كه شرايط آن به شرايط خاستگاهي شباهت دارد مثل عدم حضور اكسيژن آزاد، اين مواد متشكله خود بخود با هم تركيب و قندها مثل گلوكز، اسيدهاي آمينه، و ساير تركيبات آلي را بوجود آوردند.
b. قوانين شيمي و شبيه سازيهاي كامپيوتري نشان ميدهد كه مسيرهاي متابوليكي مولكولهاي آلي كه براثر فرآيندهاي زمين شناسي در درياها ذخيره شده بودند، از طريق همكاريهای شيميايي تكامل يافت. آنزيمها، كوآنزيمها، و سيستمهاي خودساز RNA در آزمايشگاه ساخته شده اند. احتمالا مارپيچ دورشته اي DNA به مؤثرترين روش تكامل يافت تا بتواند در كمترين فضا بيشترين دستورالعمل پروتئين سازي را قرار دهد. همچنين زنجيره هاي نوكلئوتيدي آن محكمتر از RNA است.
c. چربيها و غشاهاي چربي- پروتئيني دارای ويژگيهای غشای سلولی، در شبيه سازيهاي آزمايشگاهي كه شرايط زمين اوليه بر آن حاكم است، بطور خود بخود تشكيل شده اند.

٤. حيات از اولين مراحل شيميايي آن تا زمان حاضر پنج مرحله زمين شناسي را طي كرده است:
a. آركين (Archean) : ۳/۹ بيليون تا ۲/ ٥ بيليون سال قبل
b. پروتروزوئيك (Proterozoic): ٥ /۲ بيليون تا ٥۷۰ ميليون سال قبل
c. پالئوزوئيك (Paleozoic) : ٥۷۰ ميليون تا ۲٤۰ ميليون سال قبل
d. مزوزوئيك (Mesozoic): ۲٤۰ تا ٦٥ ميليون سال قبل
e. سنوزوئيك (Cenozoic): ٦٥ ميليون سال قبل تا زمان حال.

۵. دو دودمان بزرگ پروکاریوتي به نامهاي آرکاباکتريها (Archaebacteria) و يوباکتريها (Eubacteria) در دوره هاي آرکين و پروتروزوئيك بوجود آمدند. بعضي از يوباكتريها فتوسنتز چرخه اي داشتند. مسير غير چرخه اي فتوسنتز در بعضي از اجداد يوباكتريها در پروتروزوئيک تکامل يافت. اکسيژن که محصول فرعي اين مسير ميباشد در اتمسفر انباشته شده و مانع تشکيل خود بخود و بيشتر مولکولهاي آلي شد. به اين ترتيب حيات خود بخودي به پايان رسيد. فراواني اكسيژن آزاد به مثابهٔ يك محدوديت انتخابي عمل ميكند و منشأ اصلي تشکيل يوكاريوت ها ميشود. همچنين به تشكيل لايه اُزون كمك ميكند. اين پوشش که مانع تشعشعات ماوراء بنفش است، به بعضي از اجداد رخصت داد تا از درياها به زمينهاي پست و مرطوب بروند.

سلولهاي يوكاريوتي در اواخر پروتروزوئيك بوجود آمده و تغييرات سريع و قابل ملاحظه پيدا كردند. تئوري اندوسيمبيوز *(Endosymbiosis) فراواني اندامك هاي تخصصي و تكامل يافته را در سلولهاي يوكاريوتي توضيح ميدهد. بر طبق اين تئوري ميتوكندريها و كلروپلاستها حاصل اندوسيمبيوز باكتريهاي هوازي و غيرهوازي بوده اند كه قبل از يوكاريوتها وجود داشتند.

٦. تا اوائل پالئوزوئيك، موجودات هر شش دودمان در درياها مستقر شده بودند. سپس خشكي ها مورد هجوم قرار گرفتند. از آن زمان تا كنون سازوارپذيري ها و انقراضات فراواني صورت گرفته و دودمانهاي مختلف تشعشع يافتند.

٧. دايناسورها براي ١٤٠ ميليون سال جانوران غالب بر خشكي ها بودند. دودمان آنها از ١ تا ١٠٠ ميليون سال قبل و در مرز Cretaceous Tertiary (K-T) بر اثر برخورد يک شهاب سنگ به زمين منقرض شد. پستانداران در سنوزوئيك مناطقى را كه از دايناسورها خالي شده بود اشغال كردند.

خود آزمائي Self Quiz

١. با مطالعه آثار زمين شناسي درمي يابيم كه تكامل حيات عميقاً تحت تأثير——— قرار گرفته است.

a. حركات تكتونيك قشر زمين
b. بمباران زمين با اجرام سماوي
c. تغيير مكان خشكي ها، سواحل، و اقيانوس ها
d. تكامل فيزيكي و شيميايي زمين
e. همه موارد

٢. ____ اولين كسى بود كه شواهد غيرمستقيم مبني بر تشكيل مولكولهاي آلي در زمين اوليه را بدست آورد.

a. داروين b. ميلر c. Fox d. مارگوليس

٣. اصولا اتمسفر زمين تا چهار بيليون سال قبل فاقد——— بود.

a. هيدروژن b. نيتروژن
c. منواكسيد كربن d. اكسيژن آزاد

۴. حيات در مفهوم كنوني آن ——— قبل آغاز شده است.

a. ۴/۶ بيليون سال b. ٢/٨ ميليون سال
c. ٣/٨ بيليون سال d. ٣/٨ ميليون سال

۵. كداميك از عبارات زير نادرست است؟

a. پروكاريوت ها اولين سلولهاي زنده بودند.
b. مسير چرخه اي فتوسنتز براي اولين بار در بعضي از گونه هاي يوباكتريايي ظاهر شد.
c . اكسيژن پس از تكامل مسير غيرچرخه اي فتوسنتز در اتمسفر ذخيره شد.
d. در پروتروزوئيك، افزايش اكسيژن اتمسفر تشكيل خود بخود مولكولهاي آلي را افزايش داد.
e. همه موارد فوق صحيح مي باشد.

۶. اولين سلولهاي يوكاريوتي در طي——— ظاهر شدند.

a. پالئوزوئيك
b. مزوزوئيك

c. آركين
d. پروتروزوئيك
e. سنوزوئيك

۷. دوره هاي زمين شناسي را با حوادث آن مطابقت دهيد.

a. گسترش عظيم دايناسورها، منشأ گياهان گلدار و پستانداران	____ Archean
b. تكامل شيميايي، منشأ حيات	____ Proterozoic
c. گسترش گياهان گلدار، حشرات، پرندگان، پستانداران، پيدايش انسان	____ Paleozoic
d. حضور اكسيژن آزاد، خاستگاه متابوليسم هوازي، آغازيان، قارچ ها و جانوران	____ Mesozoic
e. افزايش گياهان اوليه در خشكي، خاستگاه دوزيستان و خزندگان	____ Cenozoic

فصل ۲۰ پروکاريوت ها، ويروس ها، و آغازيان (پروتيستان ها)

مفاهيم اصلي

۱. جهان ميکروسکوپي تشکيل شده است از: سلولهاي پروکاريوتي، آغازيان تك سلولي، و ويروس ها پروکاريوتها ساده ترين اشکال حياتي بوده که فاقد هسته و اندامکهاي غشاء دار ميباشند. اکثرشان ميکروسکوپي اند، معذالك ويروسها کوچکترند. در گروهشان تنوع زياد متابوليکي ديده شده و رفتارهاي پيچيده نشان ميدهند. اکثرشان از راه تقسيم پروکاريوتي (prokaryotic fission) تکثير مي يابند. پروکاريوتها يوباکتريها (Eubacteria) و آرکاباکتريها (Archaebacteria) را شامل ميشوند. يوباکتريها رايج ترين اشکال باکتري هستند. آرکاباکتريها که شامل متانوژن ها (Methanogens) يا توليد کنندگان گاز متان، نمك دوست هاي افراطي (Extreme halophiles) و گرمادوست هاي افراطي (Extreme thermophiles) ميباشند، در مکانهائي زندگي ميکنند که براي اکثر موجودات ناگوار است. از نظر ساختمان ديواره و ساير خصوصيات منحصر بفرد بوده و از نظر تکاملي به سلولهاي يوکاريوتي نزديکترند تا يوباکتري ها.

۲. تقريباً همه باکتريها يك ديواره سلولي دارند که از سلول محافظت و در مقابل گسستگي مقاومت ميبخشد. کپسول يا لايه چسبنده اي ممکن است آن را احاطه کند. رشته هاي نازك و مومانند Pilus که در سطح کپسول پراکنده اند، سلولها را در چسبيدن به سطوح يا در هنگام لقاح ياري ميدهند.
باکتريها از نظر متابوليکي يعني کسب انرژي و کربن بسيار متنوعند. همچنين به محرك ها پاسخ ميدهند.
باکتريها از راه تقسيم پروکاريوتي تکثير مي يابند. پس از همانند سازي کروموزوم باکتري، يك سلول والد به سلولهاي دختر که از نظر ژنتيکي مساوي يکديگرند تقسيم ميشود. پلاسميدها در صورت حضور، مستقل از کروموزوم همانند سازي شده و ممکن است به سلولهاي دختر منتقل شود. همچنين در لقاح باکتري ميتوانند به سلولهاي گونه مشابه يا متفاوت منتقل شوند.

۳. به آساني ميتوان آغازيان را از پروکاريوتها تشخيص داد ولي طبقه بندي آنها آسان نيست. آغازيان از نظر اندازه، شکل، و شيوه زندگي بسيار متنوعند. آغازيان و يوکاريوتي ها برخلاف باکتريها داراي يك هسته، ميتوکندري، شبکه آندوپلاسميك با ريبوزومهاي مشخص، ميکروتوبولها و حداقل دو کروموزوم که هر کدام DNA و پروتئينهاي فراوان دارد مي باشند. بسياري از آنها کلروپلاست دارند. آغازيان مانند يوکاريوتها ميتوزو ميوز دارند.
بسياری از آغازيان مصرف کننده اند (Heterotrophs) و شامل کپك هاي آبي، کيتريدها، کپك هاي لزج (نوع سلولي و پلاسميدي)، پروتوزوئرها (آميب ها، تاژکداران جانوري، و گونه هاي مژکدار) و اسپوروزوئرها مي باشند.
کيتريدها و کپك هاي آبي مثل قارچها تجزيه کننده و انگلند. آنها مواد آلي را با آنزيمهاي خود هضم کرده و سپس جذب مي کنند.
کپك هاي لزج فاگوسيت بوده و هاگ توليد مي کنند.
پروتوزوئرها گوشتخوار، علفخوار يا انگل بوده و بعضي در انسان بيماريهاي خطرناك ايجاد مي کنند.
پروتوزوئرهاي آميبي شکل شامل آميب ها، فُرآميني فران ها، هليوزوئرها و راديولاريان ها ميباشند که فاقد يا داراى قسمتهاي سخت اند. پروتوزوئرهاي مژکدار براي حرکت يا تغذيه از مژك استفاده مي کنند.
پروتوزوئرهاي جانوري در مکانهاي آبی آزادانه زندگي ميکنند. بعضي از پروتوزوئرها مثل اسپوروزوئرها انگلند.
اکثر اوگلنوئيدها، کريزوفيت ها و دينوفلاژل ها تك سلولي اند. بسياري جزء فيتوپلانکتون ها بوده و جمعيت آنها در شرايط مناسب بطور حيرت آور افزايش مي يابد. به اين پديده شکوفهَ جلبکي (Algal Bloom) گفته ميشود.
جلبك هاي قرمز، قهوه اي و سبز از نظر اندازه، شکل، شيوه توليد مثل و مکان زندگي بسيار متفاوتند.
اکثرشان فتوسنتزکننده هاي پرسلولي مي باشند. بعضي از گونه هاي جلبك قهوه اي از بزرگترين آغازيان اند.
جلبك هاي سبز بطور احتمالی اجداد گياهان مي باشند.

جدول ۲۰.۱ گروه آغازيان را خلاصه ميکند.

جدول ۱.۲۰ گروه عظيم آغازيان
مصرف كنندگان (Heterotrophs): تجزيه كنندگان، صيادان گوشتخوار، علفخواران و انگلها *كيتريدها* *كپك هاي آبي* (نوع گندروي مثل اُ اُ مايكوتا؛ نوع انگلي مثل ساپرولگنيا) *كپك هاي لزج سلولي* مثال: ديكتيوستليوم ديسكودوم *كپك هاي لزج پلاسميدي* مثال: فيزاروم *پروتوزوئرها (Protozoan):* *پروتوزوئرهاي آميبي* (آميب هاي برهنه، فُرآميني فران ها، هليوزوئرها، راديولاريان ها) *پروتوزوئرهاي مژكدار (Ciliate)* *پروتوزوئرهاي جانورمانند تاژكدار (Mastigophora)* *اسپوروزوئرها(Sporozoan)* مثال: توكسوپلاسما
توليد كنندگان (Autotrophs)، مصرف كنندگان: فتوسنتزكنندگان، صيادان *اوگلنوئيدها (Euglenoids)* *دينوفلاژلها (Dinoflagellates)*
اكثرا توليد كننده: فتوسنتزكننده ها، بعضي انگلها *كريزوفيت ها (Chrysophytes):* جلبك هاي طلائي، جلبك سبز- زرد، كوكوليتوفرها (cocolithophores) دياتومه ها (diatomes) *جلبك هاي قرمز* *جلبك هاي قهوه اي* *جلبك هاي سبز*

۴. ويروسها عوامل غيرزنده و غيرسلولي ميباشند كه يک گونهٔ ويژه را عفوني ميكنند.

a. هر ذره ويروسي يك DNA يا RNA و يك روكش پروتئيني دارد؛ گاهي اين روكش با يك پوشش چربي محاصره ميشود كه از آن پروتئينهاي ويروس بيرون زده ميشود. در ويروسهاي پيچيده، روكش داراي دُمهاي فيبري و ساختمانهاي فرعي ديگري است.

b. يك ذره ويروسي نميتواند به تنهائي تكثير يابد. مواد وراثتي آن بايد به سلول ميزبان دستور دهد تا مواد مورد نياز ذرات ويروسي جديد را بسازد.

چرخه تكثير ويروس شامل پنج مرحله است: الحاق به يك ميزبان مناسب، نفوذ به درون آن، همانند سازي DNA يا RNAي ويروس و سنتز پروتئين، اجتماع ذرات ويروسي جديد، و آزاد شدن.

۵. پروكاريوتها و آغازيان را كه ساده ترين يوكاريوتها هستند، در بيش از يك فصل مورد بررسي قرار داديم. جدول ۲.۲۰ موارد تشابه و اختلاف پروكاريوتها و يوكاريوتها را خلاصه ميكند.

جدول ۲. ۲۰ مقایسه پروکاریوتها و یوکاریوتها

	پروکاریوتها	یوکاریوتها
نوع جاندار	فقط باکتریها	آغازیان، قارچها، گیاهان، جانوران
سطح تشکیلاتي سلول	تك سلولي	تك سلولي (اکثر آغازیان) یا پُرسلولي، حضور بافتها و اندامها
اندازه سلول	کوچك (۱ تا ۱۰ میکرومتر)	بزرگ (۱۰تا ۱۰۰ میکرومتر)
دیواره سلولي	تقریبا همه دیواره سلولي دارند.	سلولز یا کوتین که در جانوران دیده نمیشود.
اندامك ها	خیلي نادر	معمولا به وفور
سوخت و ساز	غیرهوازي، هوازي	چیرگي طرق هوازي
ماده ژنتیکي	کروموزوم باکتري، گاهي پلاسمید	کروموزومهاي پیچیده درون هسته (DNA که اکثرا با پروتئینها آمیخته اند).
روش تقسیم	اکثرا انشقاق پروکاریوتي، همچنین جوانه زدن	تقسیم هسته (میتوز، میوز، یاهردو) و سپس تقسیم سیتوپلاسم

۶. غالبا میکروارگانیسم ها را براساس مصالح انساني مورد ارزیابي قرار میدهیم. دودمان آنها قدیمي تر بوده، سازواریهاي گوناگون حاصل کرده، و مانند انسان بسهولت بقاء و تولید مثل یافته اند.

خودآزمائي Self Quiz

۱. ——— به محیط هاي افراطي شبیه آنچه که بر زمین اولیه مستولي بوده، محدود میشوند.
a. سیانوباکتریها b. یوباکتریها
c. آرکاباکتریها d. پروتوزوئرها

۲. باکتري ها از راه——— تکثیر مي یابند.
a. میتوز b. میوز
c. انشقاق پروکاریوتي d. انشقاق طولي

۳. یك سلول باکتري در حالت غیرتقسیم——— کروموزوم دارد.
a. یك b. دو c. چهار d. چندین

۴. ویروس ها یك——— و یك——— دارند.
a. DNA؛ روکش هیدرات کربني
b. DNA یا RNA؛ غشاء پلاسمائي
c. DNA یا RNA؛ روکش پروتئیني

۵. ——— مرحله اي از چرخۀ تکثیر همه ویروس ها است.
a. نفوذ کردن b. جوانه زدن c. دوره کمون (Latency)

۶. در طي چرخۀ زندگي یك——— سلولهاي آمیب مانند به هم پیوسته و یك توده سیار بوجود مي آورند.
a. کپك لزج b. کپك آبي c. کیترید d. اسپوروزوئر

۷. آمیب ها، فرامیني فران ها، و رادیولاریان ها جزء——— هستند.
a. پروتوزوئرها b. مژکداران c. جلبك ها d. اسپوروزوئرها

۸. تریپانوزوم ها * مولد کدام بیماري (ها) هستند؟
a. توکسوپلاسما b. بیماري شاگاس *Chagas disease
c. بیماري خواب آفریقائي d. اسهال خوني آمیبي amoebic dysentery
e. مالاریا f. موارد b و c

۹. اوگلنوئیدها و کریزوفیت ها اکثراً ـــــــ هستند.

a. فتواتوتروف

b. اتوتروف شیمیایی (chemoautotroph)*

c. هتروتروف

d. همه چیزخوار

۱۰. آغازیان تك سلولي فتوسنتزکننده که شامل اکثر اوگلنوئیدها، کریزوفیت ها و دینوفلاژل ها هستند، اعضاء ـــــــ بوده که زیستگاه آبی دارند.

a. زئوپلانکتون

b. جلبك قرمز

c. جلبك قهوه اي

d. فیتوپلانکتون

۱۱. هر عبارت را با مناسبترین توضیح آن مطابقت دهید.

a. مکانیسم تقسیم سلولي باکتري

b. ذره غیرزنده مُسري

c. عامل مالاریا

d. متانوژن ها، اکثر نمك دوست ها، اکثر گرمادوست ها

e. رایجترین سلول پروکاریوتي

——— archaebacteria

——— eubacteria

——— virus

——— Plasmodium*

——— prokaryotic fission

فصل ۲۱ قارچ ها

مفاهيم اصلي

۱. قارچ ها مصرف كننده اند و بهمراه باكتريهاي مصرف كننده تجزيه كنندگان بيوسفر را تشكيل ميدهند. نوع پوده خوار يا گندروي (saprobic) مواد غذائي را از مواد آلي مرده بدست مي آورد. انواع انگلي (parasitic) از بافتهاي ميزبان زنده تغذيه ميكنند. بعضي از گونه ها با ساير موجودات همزيستي دارند.

۲. سلولهاي گونه های قارچی آنزيمهاي گوارشي ترشح مي كنند كه غذا را در خارج از بدنشان به مولكولهاي كوچك تجزيه كرده سپس آن سلولها مواد تجزيه شده را جذب مي كنند. فعاليت هاي سوخت و سازي آنان دي اكسيد كربن به اتمسفر آزاد كرده و مواد غذائی فراوان به خاك برميگرداند كه از آنجا در دسترس گياهان و ساير توليد كنندگان قرار ميگيرد.

۳. تقريبا همۀ قارچها پُرسلولي اند. بخش جذب كننده غذا كه ميسليوم (mycelium) نام دارد شبكه اي از فيلامان ها يا ريسه ها (hyphae) است كه در طي چرخه زندگي نمو پيدا ميكند. ريسه ها رشته هاي طويلي هستند كه از راه تقسيم ميتوز رشد مي كنند.
ريسه ها در گونه های زيادی تغيير كرده و محكم به هم تنيده مي شوند و يك ساختمان توليد مثلي در بالاي زمين بوجود مي آورند (مثل قارچ خوراكي). هاگهاي قارچ در درون يا بر روي اين ساختمان رشد ميكند. يك هاگ پس از جوانه زدن رشد كرده و به ميسليوم جديد نمو مي يابد.

٤. قارچها اكثرا همزيستند. گلسنگ حاصل همزيستي دوجانبه بين قارچ و فتوسنتزكنندگاني چون جلبك هاي سبز و سيانوباكتريها مي باشد. ميكوريزا (Mycorrhizae) گونه اي قارچ است كه با ريشه هاي جوان گياهان خشكي روابط دوجانبه سودمند برقرار ميكند. ريسه هاي قارچ عناصر مورد نياز گياه (nutrients) را در اختيار آنان قرار داده و هيدرات كربن دريافت ميكند.

٥. گروههاي اصلي شامل آسكوميست ها (قارچهاي كيسه اي)، بازيديوميست ها (قارچهای گرزي)، و زيگوميست ها ميباشد. هر كدام هاگ هاي مشخص جنسي يا غيرجنسي توليد ميكند. هرگاه چرخه زندگي يك قارچ فاقد مرحله جنسي باشد، آن قارچ در گروه قارچهاي ناقص طبقه بندي ميشود.

٦. گياهان و قارچ ها را بر اساس تأثير مستقيم آنها در زندگي گرامي ميداريم. مفيد و مضربودن آنها از درك عميق وظائفشان در طبيعت منشأ مي گيرد.

خودآزمائي Self Quiz

۱. ميكوريزا نوعي—— است.
a. بيماري قارچي پا
b. رابطه قارچ با گياه
c. كپك آبي انگلي
d. قارچ انباري

۲. قارچ هاي انگلي عناصر مورد نياز خود را از—— دريافت ميكند.
a. بافت هاي ميزبان زنده
b. مواد آلي غير زنده
c. جانوران زنده منحصراً
d. هيچيک از موارد

۳. قارچ هاي گندروي عناصر مورد نياز خود را از—— دريافت ميكنند.
a. مواد آلي مرده
b. گياهان زنده
c. جانوران زنده
d. b و c

۴. ميسليوم هاي جديد پس از جوانه زدن—— بوجود مي آيند.
a. ريسه ها
b. ميسليوم ها
c. هاگ ها
d. كلاهك قارچ خوراكي

۵. كلاهك قارچ خوراكي (mushroom):
a. بخش جذب كننده غذا در بدن قارچ ميباشد.
b. بخش فاقد ريسه در بدن قارچ است.
c. يك ساختار توليد مثلي است.
d. بخش غيرضروري قارچ است.

۶. عبارات زير را بطور مناسب انطباق دهيد.
a. قارچ خوراكي كلاهك دار، قارچ طاقچه اي
b. يك نوع هاگ جنسي
c. زنجيره هاي پني سيليوم حاوي هاگ غيرجنسي
d. هر يك از رشته هاي ميسليوم
e. كپك سياه نان (Rhizopus stolonifer)
f. ترافل ها (truffles)، مورل ها (morels)، برخي از مخمرها

—— zygomycetes*
—— conidia
—— hypha
—— club fungi*
—— ascospore
—— sac fungi*

فصل ۲۲ گیاهان

مفاهیم اصلي

۱. احتمالا منشأ گیاهان جلبکهاي سبز قدیمی مي باشد. گیاهان خشکي ها را ۴۳۵ میلیون سال قبل اشغال کردند. بطور تقریبی همهٔ گونه ها فتواتوتروف هاي پرسلولي اند. گیاهان کلرفیل هاي **a** و **b** را بعنوان اصلي ترین رنگدانهٔ فتوسنتزي مورد استفاده قرار میدهند. برخلاف اجداد جلبکي که با محیط هاي آبي سازش یافته بودند، تقریبا همهٔ گیاهان کره زمین در خشکي ها بسر میبرند.
ساختارهاي گیاهي به گونه اي سازش یافته که میتواند نور خورشید و دي اکسید کربن را بدام انداخته، آب و یونهاي معدني را جذب کرده و آب را ذخیره کند. کوتیکول و روزنه از فقدان آب جلوگیري میکند. بافتهائي که با لیگنین تقویت شده اند به رشد قائم گیاه کمك میکنند. سیستم هاي ریشه خاك را براي عناصر و آب حفر کرده و بافتهاي داخلي آب و مواد محلول را به همه بخشهاي زیرزمیني و بالاي زمین انتقال میدهد. بافتها هاگ و گامت را در بر گرفته و محافظت میکنند.
گیاهان خشکي از نظر وراثتي طوري سازش یافته اند که میتوانند در برابر دوره هاي بي آبي مقاومت کنند. ریشه، ساقه، و برگ در طي چرخه زندگي اسپوروفیت (sporophyte) نمو مي یابد. گامتها در این مرحله نمو یافته و آب و عناصر مورد نیاز خود را دریافت میکنند. نسل جدید شرایط حاکم بر محیط زیست را به گرمي مي پذیرد.

۲. اولین انشعابات گیاهي شامل خزه گیان (Bryophytes)، گیاهان آوندي بي دانه، و گیاهان آوندي دانه دار بودند. دانه داران بهتر از بقیه توانستند در خشکي ها گسترش یابند.

خزه گیان، خزه ها (mosses)، جگرواش ها (liverworts)، و شاخ واش ها (hornworts) را در بر میگیرند. این گیاهان غیرآوندي بافت چوب و آبکش پیچیده ندارند. براي لقاح به آب جاري نیازمندند.
گیاهان آوندي بي دانه (seedless vascular plants)، سرخس هاي شبه ماهوت پاك کن، پنجه گرگیان، دم اسبیان، و سرخس ها را در بر دارند. اسپرم ها تاژکدار بوده که در آب فراوان به سمت تخمك ها شنا میکنند.
گیاهان آوندي دانه دار، بازدانگان (gymnosperms) و گیاهان گلدار (angiosperms) را در بر مي گیرند. بازدانگان، سرخس هاي نخلي (cycads)، ژنگوها (ginkgos)، gnetophytes، و کاج ها (conifers) را شامل میشوند. دو ردهٔ گیاهان گلدار اصطلاحا تك لپه (monocots) و دولپه (dicots) نام گرفته اند.

۳. در گیاهان آوندي دانه دار دانه هاي گرده یا گامتوفیتهاي نر و بالغ از نمو میکروسپورها و سلولهاي تخمك یا گامتوفیتهاي ماده از نمو مگاسپورها حاصل میشود.
هر تخمك ساختار تولید مثل ماده بوده که از گامتوفیت ماده، بافت مغذي و لایه هاي سلولي ساخته میشود. بخشي از لایهٔ خارجي سلول ها به روکش دانه نمو مي یابد. دانه یك تخمك بالغ است. دانه ها حتي در شرایط نامساعد ابزار گسترش نسل هاي جدید هستند. تکامل دانه هاي گرده در این گیاهان موجب شد که لقاح دیگر به آب وابسته نباشد. گرده و دانه کلید سازگاري این گیاهان با محیط هاي خشن و خشك بوده اند.
تنها نهاندانگان گل تولید میکنند. گلها با انتقال دانه هاي گرده توسط گرده افشان هایي چون حشرات به بخشهاي تولید مثل ماده کامل میشوند. دانه نهاندانگان یك بافت مغذي به نام آندوسپرم دارد. اکثرا دانه ها در میوه قرار میگیرد که به انتشار آنها کمك میکند. گامت هاي نهاندانگان بي حرکتند و براي گرده افشاني به حشرات، باد، و حیوانات نیازمندند.

۴. جدول زیر شاخه هاي اصلی گیاهي را خلاصه و مقایسه میکند.

جدول ۲۲.۱ مقایسه گروه های عمده گیاهی
گیاهان خشکي فاقد آوند. لقاح آنها به آب جاري نیاز دارد. هاپلوئیدها غالبند. در بعضي روزنه و کوتیکول موجود است. **خزه گیان (BRYOPHYTES)** ۱۸۶۰۰ گونه دارد. محیط زندگي آنان تر و مرطوب است.
گیاهان آوندي بی دانه. لقاح آنها به آب جاري نیاز دارد. دیپلوئیدها غالبند. روزنه و کوتیکول دارند.

سرخس هاي شبه ماهوت پاك كن (WHISK FERNS) ۷ گونه دارد. اسپوروفيت آنها ريشه و برگ مشخص ندارد مثل Psilotum.

پنجه گرگيان (LYCOPHYTES) ۱۱۰۰ گونه با برگهاي ساده دارد. اغلب ساكن مكانهاي مرطوب و سايه دارند.

دم اسبيان (HORSETAILS) جنس آنها ۲۵ گونه دارد. در مرداب ها و لجن زارها ساكنند.

سرخس ها (FERNS) ۱۲۰۰۰گونه دارد. اغلب در مناطق گرم و مرطوب زندگي ميكنند.

بازدانگان (Gymnosperms) گياهان آوندي با ' دانه هاي برهنه ' اند. براي لقاح به آب جاري نياز ندارند. ديپلوئيدها غالبند. كوتيكول و روزنه دارند.

كاج ها (CONIFERS) ۵۵۰ گونه دارد. غالبا هميشه سبزند. درختان و درختچه ها چوبي بوده و مخروطها حامل گرده و دانه مي باشد. همه جا منتشرند.

سرخس هاي نخلي (CYCADS) ۱۸۵ گونه دارد كه در مناطق گرمسير و زير گرمسير ساكنند. رشد آرامي دارند.

ژنگو (GYNKGO) ۱ گونه دارد. دانه هاي اين درخت گوشتي است.

GNETOPHYTES ۷۰ گونه دارد. محدود به مناطق گرمسير و بياباني است.

نهاندانگان (Angiosperms) گياهان آوندي با گل و دانۀ محافظت شده. لقاح آنها به آب جاري وابسته نيست. ديپلوئيد غالب است. كوتيكول و روزنه دارند.

گياهان گلدار (FLOWERING PLANTS)
تك لپه اي ها ۸۰۰۰۰ گونه دارد. بخش هاي گل ۳ يا مضرب ۳ است. دانه يك بخشي جنين را در بر ميگيرد. برگها رگبرگهاي موازي دارند.
دولپه اي ها دست كم ۱۸۰۰۰۰ گونه دارد. بخشهاي گل بصورت ۴، ۵، يا مضربي از آنهاست. دانه دوبخشي جنين را در بر ميگيرد. رگبرگهاي برگ مشبك است.

۵. جدول ۲.۲۲ روند تكاملي را از راه مقايسه اجداد گياهي خلاصه ميكند.
الف- ساختارهايي كه با محيط خشك سازش يافته اند مثل روزنه، كوتيكول، و بافت هاي آوندي (چوب، آبكش)
ب- چيرگي چرخه زندگي ديپلوئيد به هاپلوئيد. اسپوروفيت ها تكامل يافته، به گامتوفيت و هاگ غذا داده و از آنها محافظت ميكنند.
ج- دو نوع هاگ بوجود آمد (جور هاگ به ناجور هاگ تبديل نشد) كه به تكامل گرده و دانه در بازدانگان و گياهان گلدار منجر شد.

جدول ۲.۲۲ روند تكامل در گياهان

خزه گيان	**سرخس ها**	**بازدانگان**	**نهاندانگان**
بدون آوند	آونددار ←	←	←
غلبه هاپلوئيد	چيرگي ديپلوئيد ←	←	←
يك نوع اسپور ←	←	دو نوع اسپور ←	←
گامتهاي متحرك ←	←	←	گامتهاي بي حركت
بدون دانه ←	←	دانه دار ←	←

خود آزمائي Self Quiz

۱. كداميك از جملات زير صحيح نميباشد؟

a. تك لپه ايها و دولپه ايها دو رده نهاندانگان هستند.

b. خزه گيان گياهان غيرآوندي اند.

c. پنجه گرگيان و نهاندانگان گياهان آوندي اند.

d. بازدانگان ساده ترين گياهان آوندي اند.

۲. كداميك از موارد زير بازدانگان و نهاندانگان را شامل نميشود؟

a. بافتهاي آوندي b. چيرگي ديپلوئيد

c. يك نوع هاگ d. همه موارد

۳. در بين گياهان خشكي تنها خزه گيان هستند كه ــــ مستقل و ــــ وابسته و مستقل دارد.

a. اسپوروفيت ؛ گامتوفيت b. گامتوفيت؛ اسپوروفيت

c. ريزوئيدهاي؛ زيگوت هاي c. ريزوئيدهاي؛ اسپورانژيوم*هاي پايدار

۴. سرخس هاي شبه ماهوت پاك كن، پنجه گرگيان، دم اسبيان و سرخس ها در زمره گياهان ــــ طبقه بندي ميشوند.

a. آبي پرسلولي b. دانه دار بدون آوند

c. آوندي بدون دانه d. آوندي دانه دار

۵. دانه يك ــــ است.

a. گامتوفيت ماده b. تخمك رسيده (mature ovule)

c. لوله گرده رسيده d. جنين نارس

۶. عبارات زير را بطور مناسب انطباق دهيد.

a. جسم توليد كننده سلول جنسي	____ gymnosperm
b . از دست دادن آب را كنترل ميكند.	____ sporophyte
c. دانه هاي برهنه	____ lycophyte
d. تنها گياهاني كه گل توليد ميكنند.	____ ovule
e. جسم توليد كننده هاگ	____ bryophyte
f. گياهان فاقد آوند خشكي	____ gametophyte
g. گياهان آوندي بی دانه	____ stomata
h. منشأ دانه	____ angiosperm

فصل ۲۳ جانوران: بي مهره گان

مفاهيم اصلي

۱. جانوران هتروتروف هاي پرسلولي و هوازي بوده كه از ساير موجودات تغذيه كرده يا انگل آنها ميشوند. سلولهاي بدن اكثر آنها ديپلوئيد بوده كه بافتها، اندامها، و سيستمهاي اندامي سازمان يافته اند. جانوران به طريق جنسي و اكثرا غير جنسي توليد مثل ميكنند. نمو جنيني دارند. اكثرشان در بخشي از چرخه زندگي قادر به حركتند. جانوران در اواخر پريكامبرين بوجود آمدند. بالغ بر دو ميليون گونه جديد شناخته شده اند. از اين تعداد بيش از ۱,۹۵۰,۰۰۰ گونه بي مهره گان و كمتر از ۵۰,۰۰۰ گونه مهره داران را تشكيل ميدهند.

۲. مقايسه طرح بدن جانوران موجود و آثار فسيلي نشان ميدهد كه بعضي دودمانها چندين روند تكاملي داشته اند. بارزترين جنبه هاي طرح بدني يك جانور عبارتند از: تقارن، احشاء، و نوع حفره موجود بين احشاء و ديواره بدن(در صورت وجود اين حفره)، بدين معني كه آيا اين حفره يك انتهاي سري مشخص دارد يا اينكه به يك سري قطعات تقسيم ميشود.

۳. ساختار جانوري از كيسه تنان و اسفنجهاي ساده تا مهره داران تغيير ميكند. كيسه تنان و اسفنجها جانوران ساده و بدون تقارن بدني اند. ساختار بدني شان در سطح سلول و فاقد بافتهاي سازمان يافته در جانوران پيچيده ميباشد. بدن Trichoplax، تنها كيسه تن شناخته شده ، از بيش از دو لايه سلول ساخته شده كه بين اين لايه ها مايع زمينه اي وجود دارد.
مرجانها (cnidarians)، عروس هاي دريايي (jelly fishes)، شقايق هاي دريايي (sea anemones)، و هيدرها (hydras) را در بر ميگيرد. تقارن آنها شعاعي بوده، و سرزائي وجود ندارد. ساختار بدن در سطح بافت بوده و بدن داراي حفره دهان و احشاء كيسه مانند است. نماتوسيست ها فقط در مرجانها وجود دارد كه كپسولي است با قيطانهاي قابل انفصال كه در محاصره شكار بكار ميرود.
تقارن در كرمهاي پهن، كرمهاي لوله اي، چرخان ها (rotifers)، نرمتنان، كرمهاي حلقوي، و بند پايان دو طرفه بوده و سرزائي وجود دارد. جانوران پيچيده داراي بافت، اندام، و سيستمهاي اندامي اند.
كرمهاي پهن فاقد سلوم (coelom)يعني حفره بين احشاء و ديواره بدن هستند. بدن احشاء كيسه اى داشته و حلقه حلقه نيست. كرمهاي لوله اي، نرمتنان، كرمهاي حلقوي، و بندپايان داراي سيستم گوارش كامل بوده و بدن داراي دهان و مخرج است. بين احشاء و ديواره بدن يك حفره(coelom) وجود دارد. در كرمهاي لوله اي و نرمتنان سلوم كاذب و در كرمهاي حلقوي و بندپايان سلوم حقيقي است كه پرده صفاق (peritoneum) دارد. بدن همه نرمتنان نرم، گوشتي، و پوشش دار است. اكثرا يك پوسته سخت خارجي يا اثري از آن دارند. از نظر اندازه، جزئيات بدن و نوع زندگي بسيار متنوعند.

شكل ۲۳.۱ آمونايت يا فسيل صدف جانور نرم تنی كه در اوايل دوران ژوراسيک ميزيسته است.
(Natural History Museum GB- London)

كرمهاي حلقوي شامل كرمهاي خاكي، پلي كت ها (polychaetes) و زالوها ميباشد. اندامهای موجود در اطاقهاي سلومي پيچيده اند. بدن حلقه حلقه شان به مثابهٔ يك اسكلت هيدروستاتيك* عمل ميكند.

۴. دو دودمان عمده جانوري در اندک زمانی از تکامل کرمهای پهن شروع به انشعاب کردند. يك شاخه تكاملي پروتوستوم ها شامل نرمتنان، كرمهاي حلقوي، و بند پايان و شاخه ديگر دوتروستوم ها شامل خارتنان و طنابداران را ايجاد كرد.

موارد اختلاف protostomes و deuterostomes:

a. در پروتوستوم ها تقسيمات اوليه ميتوز در سلول تخم مارپيچي است به اين ترتيب كه با زاويه اريب نسبت به محور اصلي بدن انجام مي گيرد.

b. در پروتوستوم ها اولين شكاف جنيني دهان و شكاف بعدي مخرج ولي در دوتروستوم ها اولين شكاف مخرج و شكاف بعدي دهان است.

c. در پروتوستوم ها سلوم (coelom) ازفضاي مزودرمي و در دوتروستوم ها از كيسه اي شدن ديواره احشائي در طرفين ايجاد ميشود.

۵. بر طبق مقياس هاي بيولوژيكي بند پايان بويژه حشرات موفقترين گروه جانوري از نظر تنوع، تعداد، توزيع، قدرت دفاعي، و ظرفيت بهره برداري از منابع غذائي بوده اند.

a. اسكلت خارجی در بندپايان كه شامل عنكبوتيان(Arachnids)، سخت پوستان(Crustaceans)، و حشرات(Insects) ميباشد بند بند و سخت است. همچنين داراي بخشهاي زير ميباشند: حلقه هاي تغيير يافته، ضمائم ويژه، دستگاه تنفس ويژه، اندامهاي عصبي و حسي، و بالها (فقط در حشرات).

شكل ۲۳.۲ Robber Crabs كه در خارج از آب و در خشكی زيست ميكنند، قادر به شنا كردن نيستند ولی ميتوانند به چابكی از درخت بالا روند. ميوهٔ نارگيل را با چنگالهای قوی خود شكسته و از آن تغذيه ميكنند. گونهٔ آنها در معرض انقراض قرار دارد.

b. رشد بند پايان از راه افزايش اندازه و پوست اندازي (molting) و نمو آنها از راه عبور از مراحل نابالغ چون larva و nymph صورت ميگيرد. دگرديسي هاي فراوان صورت گرفته به اين ترتيب كه قبل از خروج جانور بالغ، بافتهاي فرم نابالغ تشكلات اساسی يافته و قسمتهاي بدن از نو شكل ميگيرد.

مراحل دگرديسي ناقص (Incomplete metamorphosis) عبارتند از:

تخم ← nymphs (ميناتور جانور بالغ) ← جانور بالغ

مراحل دگرديسي كامل (Complete metamorphosis) عبارتند از:

تخم ← لارو ← pupa ← جانور بالغ

۶. خارتنان (Echinoderms) در دیواره بدن داراي تیغ، خار، یا صفحات کربنات کلسیمي میباشند. تکامل این شاخه معما گونه است. لارو در اکثر گونه ها شکل دوطرفه و جانور بالغ سیماي شعاعي دارد.

خود آزمائي Self Quiz

۱. کدامیك از موارد زیر ویژگي متداول جانوران **نیست؟**

a. پر سلولي اند؛ اکثرا داراي بافت و اندامند.

b. منحصرا تولید مثل جنسي دارند.

c. در بعضي از مراحل چرخه زندگي متحرکند.

d. نمو جنیني دارند.

۲. بین احشاء و دیواره بدن اکثر جانوران یك ——— وجود دارد.

a. حلق　　b. سلوم کاذب

c. سلوم　　d. archenteron*

۳. عروس دریایي، شقایق دریایي و خویشاوندان آنها تقارن ——— داشته و سلولها ——— را میسازد.

a. شعاعي؛ مزودرم　　b. دو طرفه؛ بافتها

c. شعاعي؛ بافتها　　d. دو طرفه؛ مزودرم

۴. جانوران پیچیده تر از مرجانها تقارن——— داشته و در جنین——— تشکیل میشود.

a. شعاعي؛ مزودرم　　b. دو طرفه؛ مزودرم

c. دو طرفه؛ آندودرم　　c. شعاعي؛ آندودرم

۵. کدامیك از شاخه هاي زیر در انسان بیماریهاي وخیم ایجاد میکند؟

a. مرجانها　　b. کرمهاي پهن

c. کرمهاي حلقوي　　d. طنابداران

۶. ——— داراي یك سلوم و حلقه بندي مشخص با تنوع حیرت آورند.

a. بند پایان　　b. کرمهاي حلقوي　　c. اسفنجها

d. حلزونها و صدفها　　e. ستاره هاي دریایي　　f. مهره داران

۷. ——— موفقترین جانوران از لحاظ تکاملي مي باشند.

a. بند پایان　　b. کرمهاي حلقوي　　c. اسفنجها

d. حلزونها و صدفها　　e. ستاره هاي دریایي　　f. مهره داران

۸. عبارات زیر را با گروه مناسب خود مطابقت دهید.

a. داراي پوست خاردار	——— sponges
b. مهره داران و خویشاوندان آنها	——— cnidarians
c. بادکش داران و کرمهاي نواري	——— flatworms
d. تشکیلات بافتي ندارد.	——— roundworms
e. بعضي از آنها جنس نر ندارد.	——— rotifers
f. نماتوسیست ها، تقارن شعاعي	——— mollusks
g. کرمهاي قلاب دار، داء الفیل (elephantiasis)	——— annelids
h. اسکلت خارجي بند بند	——— arthropods
i. شکم پایان و خویشاوندان آنها	——— echinoderms
j. کرمهاي حلقوي	——— chordates

فصل ۲٤ جانوران: طنابداران

مفاهیم اصلی

۱. شاخه طنابداران گونه های بی مهره و مهره دار را شامل میشود که همه تقارن دو طرفه دارند. پنج ویژگی در جنین آنها وجود دارد که آنها را از سایر جانوران متمایز می کند که عبارتند از: داشتن یک طناب پشتی، طناب عصبی مجوف پشتی، حلق بهمراه شکافهای آبششی یا آثار آن، و دم ممتد در بالای مخرج. تمام این ویژگیها یا بعضی از آن در جانور بالغ باقی میماند. مهره داران طنابدارانی هستند که ستون مهره دارند. طنابداران بی مهره تونیکیت ها (tunicates) مثل آبدزدک دریایی و لانسلت ها (lancelets) را در بر میگیرد.

۲. هفت رده از هشت ردهٔ مهره داران نمونه های زنده دارد که عبارتند از: ماهیهای بدون آرواره، ماهیهای غضروفی، ماهیهای استخوانی، دوزیستان، خزندگان، پرندگان و پستانداران. ماهیهای آرواره دار و زره دار (placoderms) در دوران کامبرین ظهور کردند و در آغاز حیات مهره داران منقرض شدند. ماهیهای بدون آرواره (ostracoderms) نیز در کامبرین ظهور کردند. نسلهای جدید آن، hagfishes وlampreys، از مارماهی ها هستند.

۳. در بعضی از اجداد مهره داران چهار روند تکاملی را می توان تشخیص داد:

a. ستون مهره که ماهیچه ها بر آن عمل میکنند جایگزین نوتوکورد یا طناب پشتی شده و منجر به ظهور جانوران صیاد و تندرو شد. طناب عصبی به طناب نخاعی و مغز تکامل پیدا کرد.

b. تکامل آرواره از آبشش که به رقابت بین صید و صیاد و سیستم عصبی و اندام حسی مؤثرتر منتهی شد.

c. جفت بالهٔ ماهیهای استخوانی بصورت آویزهای گوشتیَ با ساختار داخلی تکامل یافتند. بعدا از این آویزها اعضای زوج در دوزیستان، خزندگان، پرندگان، و پستانداران بوجود آمدند.

d. شُشها در تبادلات گازی با اهمیت تر از آبششها در اجدادی که به طرف خشکیها حرکت کردند شده و کارکرد جریان خون مؤثرتر شد.

٤. طرح بدنی و روش تولید مثل دوزیستان حد فاصل ماهیها و خزندگان است. دوزیستان اولین مهره دارانی بودند که خشکیها را اشغال کرده ولی هرگز آب را بطور کامل رها نکردند. پوستشان کاملا خشک میشود و مراحل آبی در اکثر چرخه های حیات باقی میماند.

۵. خزندگان مثل دوزیستان به آب وابسته نبوده و به این ترتیب سازش یافته اند: پوست سخت و فلس دار که موجب محدودیت فقدان آب میشود؛ لقاح داخلی؛ کلیه هائی که در نگهداری آب مؤثرتر عمل میکنند؛ جنین داخل تخم دارای پرده های جنینی بوده و تخم قشر چرمی و محافظ دارد که جنین را حفاظت و از نظرمتابولیسمی میکند.

شکل ۲٤.۱   فسیل ایکتیوسور (Ichthyosaur) که از خزندگان دریایی دوران ژوراسیک بوده است (موزهٔ تاریخ طبیعی انگلستان- لندن).

شکل ۲٤.۲   فسیل پلیوسور (Pliosaur) که از خزندگان دریایی دوران ژوراسیک بوده است (موزهٔ تاریخ طبیعی انگلستان- لندن).

شکل ۲٤.۳ Diplodocus دایناسورگیاهخواری است که ۱۵۰ میلیون سال قبل میزیسته و بیش از ۲٦ متر درازا دارد (Natural History Museum).

٦. پرندگان و پستانداران از خزندگان منشأ میگیرند و مانند خزندگان سیستم تنفس و گردش خون مؤثر دارند. همچنین سیستم عصبی و اندامهای حسی آنها بسیار توسعه یافته است.

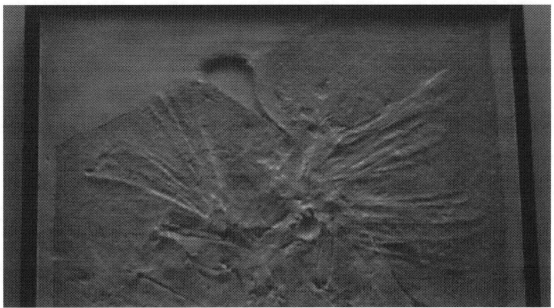

شکل ۲٤.٤ آرکئوپتریکس(Archaeopteryx) حلقهٔ مفقوده بین دایناسورها و پرندگان جدید است. در حالیکه پرهای آن مثل پر پرندگان است، بسیاری از ویژگیهای خزندگان را هم دارد مثل داشتن دندان، انگشتان چنگالدار، و دم استخوانی بلند

a. فقط پرندگان پر دارند و آن را در پرواز، حفظ حرارت، و نمایشهای دسته جمعی بکار میبرند.

شکل ۲٤.۵ مقایسهٔ تخم پرندگان از لحاظ اندازه به ترتیب از چپ به راست: Elephant Bird egg, Moa egg, Ostrich egg, Mute Swan egg, Common guillemot egg, Domestic chicken egg, Little owl egg
(موزهٔ تاریخ طبیعی انگلستان- لندن)

b. فقط پستانداران غدد پستانی تولید کنندهٔ شیر دارند. پوست یا موی ضخیمی دارند که نقش عایق دارد. دندانهای مشخص دارند. قشر مخ که پیچیده ترین منطقهٔ مغز میباشد در آنها بسیار توسعه یافته است. اکثر گونه ها فرزندان خود را پرورش و آموزش میدهند.

c. اولین پستانداران حاصل تکامل خزندگان کوچک و بی موی دوران تریاسیک بودند. پس از انقراض آخرین دایناسورها و تفکیک قاره عظیم پالئوزوئیک، سه دودمان به مناطق جدید فرستاده شدند که تا به امروز دوام یافته و

عبارتند از: پستانداران تخمگذار(monotremes)، پستانداران کیسه دار(marsupials)، و پستانداران جفت دار (eutherians).

d. سرعت متابولیسم در پستانداران جفت دار بالا، کنترل دمای بدن دقیقتر، و محافظت جنین مؤثرتر صورت می گیرد. اعضاء این سه دودمان در نقاط مختلف دنیا تقارب ریختی نشان میدهند.

۷. پریمات ها یا اولین شاخه دودمان پستانداران شامل prosimians (لمورها و اشکال وابسته)، tarsioids، و anthropoids می باشد. آنتروپوئیدها خود میمون ها، بوزینه ها، و انسان را شامل میشود. بوزینه ها و انسان hominoids را تشکیل میدهد. انسان و بعضی گونه های منقرض که صفات بوزینه و انسان را تواما داشتند به نام hominids رده بندی میشود.

۸. پریمات های اولیه پستانداران جونده و بسیار کوچکی بودند که ٦٠ میلیون سال قبل در جنگلهای گرمسیری تکامل یافتند. هُمینوئیدها ۲۵ تا ۵ میلیون سال قبل و در دوران میوسن در آفریقا تکامل یافتند که از بعضی شان هُمینیدها ظهور کردند. همینیدهای اولیه (australopiths) ۱.۳ تا ٤ میلیون سال قبل در شرق و جنوب آفریقا می زیستند که بشر امروزی (Homo sapiens) و گونه های دیگر آن مثل Homo habilis تا Homo erectus را شامل میشود.

۹. احتمالا تکامل اولیه همینیدها با تغییرات درازمدت آب و هوا همزمان است که نتیجه جابجا شدن خشکی ها و جریانات اقیانوسی بود. ابتدا جنگلهای متراکم و سپس چمنزارها از جنگلهای گرمسیری بوجود آمدند. همینیدها عمودی راه میرفتند و با دندانهای تغییر یافته خود از غذاهای گوناگون استفاده میکردند. آنان با مغز پیچیدهٔ خود برای محافظت غذاهای فصلی و کمیاب خود چاره اندیشی میکردند.
بشر امروزی از تغییر خصوصیات پریماتهای اجدادی ظهور کرد. اجداد درخت زی کمتر به حس بویائی و بیشتر به بینائی در هنگام روز متکی بودند. در بوزینه های میوسن حالت چهاردست و پایی به دو پای قائم، عادت ویژه خواری به همه چیز خواری تغییر کرده و مغز و رفتار آنان پیچیدگی بارزی یافته بود.

۱۰. نخستین گونهٔ جنس Homo، H. Habilis، که از اولین سازندگان ابزارهای سنگی بود، ۲/۵ میلیون سال قبل تکامل یافت. ۲ میلیون سال قبل Homo erectus که اجداد انسان امروزی است، تکامل پیدا کرد. جمعیت های H. erectus از آفریقا به اروپا و آسیا گسترش پیدا کردند. قدیمی ترین فسیل شناخته شدهٔ انسان امروزی (H. sapiens) به ۱۰۰,۰۰۰ سال قبل تعلق دارد. حدود ٤٠,٠٠٠ سال پیش تکامل فرهنگی انسان بر تکامل زیستی او تفوق یافت.

خودآزمائی Self-Quiz

۱. فقط ——— دارای نوتوکورد، طناب عصبی پشتی، حلق با دیواره شکاف دار و دُم امتداد یافته تا بالای مخرج میباشند.
a. خارتنان
b. تونیکیت ها و لانسلت ها
c. مهره داران
d. موارد b و c
e. همهٔ موارد

۲. شکافهای بُرانشی برای ——— بکار میرود.
a. تنفس
b. گردش خون
c. بدام انداختن غذا
d. تنظیم آب
e. موارد a و c

۳. کدامیک از موارد زیر در تکامل مهره داران مؤثر بود؟
a. تغییر طناب پشتی به ستون مهره ها
b. تغییر تغذیه فیلتری به آرواره ها
c. تغییر آبششها به ششها
d. همهٔ موارد

٤. اولین مهره داران ـــــــ هستند.
a. ماهیهای استخوانی
b. ماهیهای بدون آرواره
c. ماهیهای باله آویزی
d. موارد a و b

٥. متنوعترین مهره داران کنونی ـــــــ هستند.
a. ماهیهای غضروفی
b. ماهیهای استخوانی
c. دوزیستان
d. خزندگان
e. پرندگان
f. پستانداران

٦. تنها دوزیستانی که وابستگی خود را به آب کاملا از دست دادند عبارتند از:
a. سمندرها salamanders
b. وزغ ها
c. سیسیلین ها caecilians
d. همه به آب نیازمندند.

٧. خزندگان به علت داشتن ـــــــ بطور کامل به خشکیها انتقال یافتند.
a. پوست سخت
b. لقاح داخلی
c. کلیه های خوب
d. تخمی که پرده های جنینی دارد
e. هیچیک از موارد
e. همهٔ موارد

٨. نخستین بار قلب چهارحفره ای در ـــــــ تکامل یافت.
a. ماهیهای استخوانی
b. دوزیستان
c. پرندگان
d. پستانداران
e. کروکودیل ها
f. موارد c و d

٩. در کدامیک از رده های زیر تخم دارای پرده های جنینی است؟
a. خزندگان
b. پرندگان
c. پستانداران
d. همهٔ موارد

١٠. پرندگان پَرها را در ـــــــ بکار میبرند.
a. پرواز
b. حفظ حرارت
c. نمایشهای دسته جمعی
d. همهٔ موارد

١١. پستانداران مختلف ـــــــ.
a. تخمگذارند.
b. نمو جنینی را در یک کیسه به پایان میرسانند.
c. نمو جنینی را در رحم به پایان میرسانند.
d. موارد b و c
e. همهٔ موارد

١٢. انسانهای نخستین ـــــــ.
a. با شرایط مختلف محیط سازش یافتند.
b. با شرایط محدود محیطی سازش یافتند.
c. استخوانهای انعطاف پذیری داشتند که به آسانی شکاف برمیداشت.
d. بقدری خمیده بودند که میتوانستند بین درختان تاب بخورند.

۱۳. موجودات ذیل را با خصوصیات مناسب مطابقت دهید.

a. غدد شیری، انعطاف پذیری رفتاری، پوست یا موی ضخیم

b. تنفس پوستی یا ششی

c. شامل سلاکانت ها (coelacanths)

d. شامل مارماهی ها

e. شامل کوسه ماهی ها و ماهیهای چهارگوش عمق زی به نام rays

f. دارای پَر و رفتار اجتماعی

g. اولین جانورانی که جنین درون تخم دارای پرده های جنینی است.

_____ jawless fishes

_____ cartilaginous fishes

_____ bony fishes

_____ hagfishes amphibians

_____ reptiles

_____ birds

_____ mammals

فصل ۲۵ تنوع بیولوژیکی

مفاهیم اصلی

۱. تنوع کنونی بیولوژیکی در کرهٔ زمین براساس انقراض های ناگهانی و گسترده و بازیافت تدریجی آن میباشد. امروزه تنوع جهانی حیات بیش از پیش بوده ولی سرعت از بین رفتن گونه ها بقدری بالاست که نشان میدهد یک بحران انقراضی در راه است.

۲. تاریخ حیات نشان میدهد که پس از انقراض توده ای ۲۰ تا ۱۰۰ میلیون سال باید سپری شود تا تنوع حیات به سطح قبلی خود برگردد. تاریخ تکاملی رده های مختلف متفاوت است. بعضی در حوادث بزرگ منقرض شدند. بعضی دیگر آنها را نسبتا پشت سرگذاشتند. انقراضات گروهی و منفرد دلایل مخفی، آشکار، و یا پیچیده داشته که درک آن به تجزیه و تحلیل علمی نیازمند است.

۳. انتظار میرود که تا سال ۲۰۵۰ جمعیت بشر به ۹ بیلیون برسد و نیاز آنان به غذا، مواد، و مکان زندگی تنوع بیولوژیکی را در سراسر جهان تهدید کند که خود مبنای یک بحران انقراضی جدید است. رشد جمعیت در مناطقی سریع است که از نظر تنوع حیاتی غنی ترین و آسیب پذیرترین بوده اند.

٤. طی چهار دههٔ گذشته سرعت انقراض به این دلایل افزایش یافته: ضایعات مسکن طبیعی، ابداع گونه ها، درویدن بیش از حد، و داد و ستد غیرقانونی حیات وحش. ضایعات مسکن طبیعی بمعنی کاهش یا آلودگی شیمیایی محل زندگی گونه هاست. این مساکن قطعه قطعه و مجزا شده اند. این موضوع گونه ها را به خطر می اندازد زیرا به این ترتیب جمعیت ها به اندازه ای کاهش یافته که دیگر نمیتوانند با موفقیت زاد و ولد کنند. گونهٔ بومی در حال خطر گونه ای است که شدیدا در معرض انقراض قرار دارد.

٥. با استفاده از مدل جزیره ای جغرافیای حیات انقراضات کنونی و آینده پیش بینی میشود. مسکن جزیره ای یک مسکن طبیعی در دریایی از فعالیت های مخرب انسان مثل کندن درختان از کُنده است. بطور کلی تخریب ۵۰ درصد یک مسکن جزیره ای یک دهم گونه های آن را منقرض خواهد کرد و تخریب ۹۰ درصد نیمی از آنرا. بیدرنگ بشر در حال تخریب تپه های مرجانی و سایر مناطق است مثلا زمانیکه ماهیگیران تجاری برای صید ماهی تپه های مرجانی را منفجر میکنند یا غیرمستقیم به تخریب آن میپردازند مثلا کمک به پدیدهٔ گرم شدن زمین که همزمان با آن تراز دریایی و دمای سطح آن بالا می آید.

٦. جنبه های محض و کاربردی بیولوژی حفظ منابع طبیعی با هدف بهره گیری و محافظت از تنوع حیات این موارد را دربر میگیرد: بررسی همه جانبهٔ تنوع حیاتی در سه سطح؛ تجزیه و تحلیل منشأ تنوع حیاتی از نظر تکاملی و اکولوژیکی ؛ بررسی روشهای استفاده و حمایت از تنوع حیاتی به نفع جمعیت های انسانی.

۷. امروزه بیولوژی حفظ منابع طبیعی در چهار سطح بررسی میشود:

a. Hot spots محلی (مثلا یک دره مجزا) تعیین شده و گونه های مقیاس صورت برداری میشوند. Hot spots مساکن طبیعی با گونه های فراوان هستند که به علت فعالیتهای بشر بیش از پیش در معرض خطر انقراض قرار دارند. گونه های مقیاس شامل پرندگان و سایر گونه هائی هستند که میتوان به آسانی رد یابی کرد که تغییرات مساکن طبیعی و ضایعات گسترده و در شرف وقوع را اخطار میدهد.
b. Hot spots چند گانه یا اصلی صورت برداری میشود. ایستگاههای تحقیقاتی در عرض این مناطق پهناور برپا شده تا مفروضات را براساس عرض جغرافیایی و ارتفاع جمع آوری کند.
c. مفروضات گرد آمده در دوتراز بالا با مفروضات مناطق بومی که آسیب پذیرترین مناطق دریا و خشکی اند در هم می آمیزد.
d. مفروضات گرد آمده نقشه تنوع حیاتی جهان را به تصویر می کشد.

حفظ تنوع حیات به معنی یافتن راههایی است که بتوان بدون ایجاد تخریب از تنوع حیاتی امرار معاش کرد. ارزش اقتصادی تنوع حیاتی با رشد نیازهای اقتصادی تعیین شده و روشهای بهره برداری از آن توسط اقتصاد محلی توسعه می یابد. نیاز جمعیت میلیونی بشر به غذا، مسکن، و کالای مادی موجب شده که حفظ گونهٔ انسان بر حفظ گونه های دیگر رجحان یابد.

خودآزمائی **Self-Quiz**

۱. بازیافت تنوع حیاتی پس از انقراضات توده ای ——— بطول انجامیده است.
a. صدها سال　　b. میلیونها سال　　c. بیلیونها سال

۲. ممکن است گونه ها بر اثر——— منقرض شوند.
a. عوامل بارز　　b. عوامل مخفی و پیچیده
c. فعالیت های انسانی　　d. همه موارد

۳. اهداف زیستی حفظ منابع طبیعی عبارتند از:
a. بررسی تنوع حیات در سه سطح
b. تجزیه و تحلیل منشأ تکاملی و اکولوژیکی تنوع حیات
c. یافتن روشهای استفاده از تنوع حیاتی و حفاظت آن
d. همه موارد

٤. کَندن درختان از کُنده و برهنه کردن آنها (* Strip logging):
a. جنگلها را تقویت میکند.
b. سودمند است.
c. مساکن خودرو و طبیعی را تخریب میکند.
d. موارد b وc

فصل ۲٦ بافتهای گیاهی

مفاهیم اصلی

۱. در حال حاضر نهاندانگان (گیاهان گلدار) بطور عمده و سپس بازدانگان گروههای غالب سلسلهٔ گیاهی میباشند. در این گیاهان دانه دار و آوندی سیستم های رویش شاخه در بالای زمین پیچیده بوده و شامل ساقه، برگ، و ساختمانهای دیگر میباشد. همچنین سیستم ریشه پیچیده بوده که بطور شاخص رو به پایین و به طرف خارج رشد میکند. ساقه ها موجب تقویت رشد قائم شده و آب و مواد محلول را در سراسر دستجات آوندی خود هدایت میکنند. ریشه آب و یونهای محلول را جهت توزیع در بخشهای بالای زمین جذب میکند. اکثر ریشه ها گیاه را محکم نگهداشته و غذا را ذخیره میکند.

۲. در گیاهان آوندی و دانه دار سه دسته سیستم بافتی یافت میشود: بافت زمینه ای که تودهٔ بدن گیاه را میسازد؛ بافت آوندی که آب، مواد معدنی محلول، و محصولات فتوسنتز را از راه ریشه و شاخه توزیع میکند؛ بافت پوستی که سطوح گیاهی در معرض محیط را پوشانیده و محافظت میکند.

۳. پارانشیم، کلانشیم، و اسکرانشیم بافتهای ساده ای هستند که فقط یک نوع سلول دارند (جدول ۲٦.۱).

a. سلولهای پارانشیمی که زنده و از نظر متابولیکی در زمان بلوغ فعال هستند بافت زمینه ای را میسازد. وظائف مختلفی دارند، مثلا مزوفیل ها فتوسنتز کننده بوده و بین اپیدرم فوقانی و تحتانی برگها قرار میگیرند. فضای هوادار در اطراف مزوفیل ها تبادلات گازی را افزایش میدهد. گازها و بخارآب از طریق روزنه های ریزی به نام استوماتا (stomata) از اپیدرم میگذرد.

b. کلانشیم بخشهای در حال رشد گیاه را محافظت میکند. اسکلرانشیم با داشتن دیوارهٔ سلولی ضخیم و چوبی در تقویت مکانیکی و انتقال آب نقش دارد.

بافتهای پیچیده شامل بافت آوندی (چوب و آبکش) و بافت پوستی (اپیدرم و پریدرم) می باشد. هر کدام دو یا چند نوع سلول دارد. بافت های آوندی آب و مواد محلول را در سراسر گیاه توزیع میکند. دستجات آوندی که شامل بافتهای چوب و آبکش میباشد بصورت خوشه ای در غلاف سلولی قرار دارد ودر بافت زمینه ای راه باز میکند. سلولهای هدایت کنندهٔ آب در بافت چوبی در زمان بلوغ مُرده اند و سلولهای چوبی و منفذ دار آنها لوله مانند به هم متصل شده و آب و مواد محلول را انتقال میدهد. سلولهای هادی فلوئم در زمان بلوغ زنده اند و سیتوپلاسم سلولهای مجاور در عرض دیوارهٔ سوراخدار بهم می پیوندد. سلولهای هادی به یاری سلولهای همراه قندها و سایر مواد فتوسنتز شده در برگها را بارگیری کرده و در سلولهای در حال رشد یا ذخیره کنندهٔ غذا تخلیه میکنند. دستجات آوندی در ساقه های تک لپه ای در سراسر بافت زمینه پخش میشوند. دستجات آوندی در ساقه های دولپه ای بصورت یک حلقه قرار دارد که بافت زمینه را به پوست و مغز تقسیم میکند. بافت اپیدرم سطوح خارجی بخشهای ابتدائی گیاه را پوشانده و محافظت میکند. پریدرم جای اپیدرم را در گیاهانی که رشد ثانوی زیاد دارند می گیرد. پوست درخت (bark) شامل آبکش ثانویه و پریدرم است.

بافتهای موجود در گیاهان گلدار و اجزاء آن
بافتهای ساده پارانشیم: سلولهای پارانشیمی کلانشیم: سلولهای کلانشیمی اسکلرانشیم: فیبرها یا اسکلریدها **بافتهای پیچیده** بافت چوبی (گزیلم): سلولهای هادی (تراکئیدها، اجزاء آوندی)، سلولهای پارانشیمی، سلولهای اسکلرانشیمی بافت آبکش (فلوئم): سلولهای هادی (اجزاء لولهٔ آبکش)، سلولهای پارانشیمی، سلولهای اسکلرانشیمی اپیدرم: سلولهای تمایز نیافته، سلولهای محافظ و سایر سلولهای تخصصی پریدرم: چوب پنبه، کامبیوم چوب پنبه ای، پارانشیم جدید

٤. رشد گیاهان از مریستم ها شروع میشود که مناطق متمرکزی هستند که استعداد تقسیم شدن را حفظ می کنند. رشد اولیه (دراز شدن ریشه و ساقه) از مریستم های رأسی شروع میشود که در نوک ریشه و ساقه قرار دارند. رشد ثانوی موجب افزایش ضخامت میشود و از کامبیوم آوندی و کامبیوم چوب پنبه که مریستمهای جانبی ساقه و ریشه هستند منشأ می گیرد. یکی از نتایج رشد ثانوی تشکیل چوب است.

٥. چوب ثانویه را بر اساس مکان و عمل (* heartwood و * sapwood) و یا نوع گیاه (* hardwood در بسیاری از دولپه ایها و * softwood د رمخروطیان) طبقه بندی میکنند.

خودآزمائی   Self-Quiz

١. ریشه و شاخه از طریق فعالیت ـــــــ دراز میشود.
a. مریستم های رأسی   b. مریستم های جانبی
c. کامبیوم آوندی   d. کامبیوم چوب پنبه

٢. ریشه ها و ساقه های مسن از طریق فعالیت ـــــــ ضخیم میشوند.
a. مریستم های رأسی   b. کامبیوم چوب پنبه
c. کامبیوم آوندی   d. موارد b و c

٣. بخشهای نرم و مرطوب گیاه اغلب شامل سلول های ـــــــ می باشد.
a. پارانشیم   b. اسکلرانشیم
c. کلانشیم   d. اپیدرمی

٤. گزیلم و فلوئم بافتهای ـــــــ می باشند.
a. زمینه ای   b. آوندی
c. پوستی   d. موارد b و c

٥. ـــــــ آب و یون ها و ـــــــ غذا را هدایت میکند.
a. فلوئم؛ گزیلم   b. کامبیوم؛ فلوئم
c. گزیلم؛ فلوئم   d. گزیلم؛ کامبیوم

٦. جوانه ها منشأ ظهور ـــــــ هستند.
a. برگ ها   b. گل ها
c. ساقه ها   d. همه موارد

٧. مزوفیل از ـــــــ ساخته شده است.
a. موم و کوتین   b. دیواره های سلولی چوبی شده
c. سلولهای فتوسنتز کننده   d. چوب پنبه

٨. سلولهای چوب اولیّه قطر ـــــــ و دیواره ـــــــ دارند.
a. کم، ضخیم   b. کم، نازک
c. بزرگ، ضخیم   d. بزرگ، نازک

٩. بخش های گیاهی را با مناسبترین توصیف منطبق سازید.
ـــــــ apical meristem   a. توده گزیلمی (بافت چوبی)
ـــــــ lateral meristem   b. منشأ رشد اولیه
ـــــــ xylem, phloem   c. پوشش سطحی چوب پنبه
ـــــــ periderm   d. منشأ رشد ثانویه
ـــــــ vascular cylinder   e. توزیع آب و غذا
ـــــــ wood   f. ستون مرکزی ریشه

فصل ۲۷ تغذیه و ترابری در گیاهان

مفاهیم اصلی

۱. گیاهان آوندی به توزیع آب، یونهای معدنی محلول، و ترکیبات آلی بستگی دارند. این توزیع مطابق با شکل ۲۷.۱ موجب رشد و بقای گیاه میشود.

۲. ریشه های گیاه آب را از خاک جذب کرده و خاک را برای بدست آوردن مواد غذایی حفر میکند که ویژگی خاک در بدست آوردن آب و مواد غذایی تأثیرگذار است. تارهای کشنده که امتداد باریک و بلند سلولهای تخصص یافتهٔ اپیدرم ریشه است سطح جذب را به مقدار فراوان افزایش میدهد. قارچ ها یا باکتریهای همزی در جذب یونهای معدنی به گیاه کمک کرده و محصولات فتوسنتز را مورد استفاده قرار میدهند. گره های ریشه و میکوریزا * مثالهای این تأثیر متقابلند.

۳. اکثر گیاهان بشره (کوتیکول) مومی دارند که به آب نفوذ ناپذیر بوده و بخشهای بالای زمینی را میپوشاند. گیاهان در محل روزنه آب از دست داده و دی اکسید کربن جذب میکنند. این روزنه های کوچک و میکروسکوپی در اپیدرم برگها و ساقه ها قرار دارد و بوسیلهٔ یک جفت سلول نگهبان تعیین میشود. سلولهای نگهبان سلولهای تخصص یافتهٔ پارانشیم هستند.

٤. روزنه ها در اوقات مختلف باز و بسته شده و بین نگهداری آب، جذب دی اکسید کربن و آزاد کردن اکسیژن تعادل برقرار میکنند. روزنه های بسیاری از گیاهان در طول روز بازند ، به این ترتیب آب از دست داده و دی اکسید کربن را برای فتوسنتز جذب میکنند. روزنه ها در شب بسته میشوند بنابراین آب و دی اکسید کربن حاصل از تنفس برای روز بعد نگهداری میشود. روزنه ها در گیاهان CAM در شب باز شده و دی اکسید کربن از راه مسیر C4 تثبیت میشود. اینها روزنه هایشان را در طول روز بسته و از کربن تثبیت شده در شب قبل برای فتوسنتز استفاده میکنند.

٥. گیاهان آب را از راه تعرّق یا تبخیر آب از برگ ها و سایر بخشهائی که در معرض هوا قرار دارد از دست میدهند. بر طبق تئوری چسبندگی- کشش، در سلولهای هدایت کننده آب بافتهای چوبی همواره یک کشش منفی از برگها به سمت ریشه وجود دارد که تعرق عامل آن است. هنگامیکه مولکولهای آب از برگها میگریزند مولکولهای جدید بدرون برگی که فشار دارد کشیده میشود. نیروی پیوستگی پیوندهای هیدروژنی مولکولهای آب موجب میشود که مولکولهای آب بصورت ستون ممتد مایع به بالا کشیده شده و گسسته نشود.

٦. گیاهان آب و یونهای معدنی را از طریق لوله های آوند چوبی توزیع میکنند. سلولهای تراکئیدی و اعضاء آوندی این لوله ها را میسازند. این سلولها پس از بلوغ مُرده و دیواره های عایق آب آنها به شکل لوله های باریک به هم می پیوندند.

۷. گیاهان ساکارز و سایر ترکیبات آلی را از راه فرآیند انرژی خواه جابجا شوندگی (translocation) در لوله های آبکش بافت آوندی فلوئم توزیع میکنند. بر طبق نظریهٔ جریان فشار، اختلاف غلظت و فشار مواد محلول بین مناطق مبدأ و نشست عامل جابجا شوندگی است. مبدأ به مکانی گفته میشود که ترکیبات آلی به درون لوله های آبکش بارگیری میشود، مثل برگ های بالغ. مکان نشست به مکانی اطلاق میشود که ترکیبات از لوله های آبکش تخلیه میشود؛ مثل ریشه ها، مناطقی که رشد فعال دارد، مناطق ذخیره ای. شیب غلظت ماده محلول و شیب فشار تا زمانی

خودآزمائی Self-Quiz

۱. کربن، هیدروژن، اکسیژن، نیتروژن و پتاسیم مثالهایی از ـــــــ می باشد.

a. *macronutrients
b. *micronutrients
c. عناصر اثری (*trace elements)
d. عناصر ضروری
e. موارد a و d

۲. وجود نوار ـــــــ در دیواره سلولهای آوندی موجب میشود که آب و مواد محلول از میان سلولهای ریشه عبور کند نه از اطراف آنها.

a. کوتین
b. لیگنین
c. کاسپاری
d. سلولز

۳. تغذیه در بعضی گیاهان به همکاری ریشه و قارچ که ـــــــ نام دارد وابسته است.

a. گرهٔ ریشه
b. میکوریزا
c. تار کشنده
d. ریسهٔ ریشه ای

٤. تغذیه در بعضی گیاهان به همکاری ریشه و باکتری که ـــــــ نام دارد وابسته است.

a. گرهٔ ریشه
b. میکوریزا
c. تار کشنده
d. ریسهٔ ریشه ای

۵. نیروی ـــــــ بین مولکولهای آب موجب میشود که آب از گیاه بالا رود.

٦. تبخیر آب از بخشهای گیاهی ـــــــ خوانده میشود.

a. جابجا شوندگی
b. بازدم
c. تعرق
d. کشش

۷. ـــــــ انتقال آب از ریشه به برگ را توضیح میدهد.

a. نظریه جریان فشار
b. اختلاف غلظت مواد محلول درمکان مبدأ و نشست
c. نیروی پمپاژ آوندهای چوبی
d. نظریه پیوستگی- کشش

۸. اکثر گیاهان در طی روز ـــــــ از دست داده و ـــــــ جذب میکنند.

a. آب؛ دی اکسید کربن
b. آب؛ اکسیژن
c. اکسیژن؛ آب
d. دی اکسید کربن؛ آب

۹. اکثر گیاهان در هنگام شب از ذخایر ـــــــ و ـــــــ محافظت می کنند.

a. دی اکسید کربن؛ اکسیژن
b. آب؛ اکسیژن
c. اکسیژن؛ آب
d. دی اکسید کربن؛ آب

۱۰. ترکیبات آلی بافت آبکش در ـــــــ جریان دارد.

a. سلولهای گلانشیم
b. لوله های آبکش
c. آوندها
d. تراکئیدها

۱۱. مفاهیم تغذیه و ترابری در گیاهان را با یکدیگرمطابقت دهید.

a. تبخیر از بخشهای گیاهی
b. واکنش به مواد مغذی کمیاب خاک
c. برقراری تعادل بین جذب دی اکسید کربن و از دست دادن آب
d. پیوستگی در انتقال آب
e. تخلیه قندها از لوله های آبکش
f. توزیع ترکیبات آلی در گیاه
g. عنصری که نقشهای متابولیسمی آن منحصر بفرد است.

______ stomata
______ nutrient
______ sink
______ root system
______ hydrogen bonds
______ transpiration
______ translocation

فصل ۲۸ تولید مثل و نموّ گیاهی

مفاهیم اصلی

۱. تولید مثل جنسی مهمترین روش تولید مثل در چرخهٔ زندگی گیاهان گلدار است. اسپوروفیت، تنهٔ رویشی پرسلولی و دیپلوئید است که ریشه، ساقه، برگ و گل را شامل میشود. گامتوفیت های هاپلوئید که تولید کننده سلول جنسی اند در گلهای نر و ماده تشکیل میشود.

۲. گل ها دارای کاسبرگ، گلبرگ، یک یا چند پرچم و برچه (بخشهای تولید مثل نر و ماده) می باشد که اکثراً به یک نهنج متصلند که پایانهٔ تغییر یافتهٔ جوانه گل است.
بساک در پرچم کیسه های گرده را در بر میگیرد که در آن تقسیمات سلولی میوز انجام میپذیرد. اطراف هر یک از سلولهای هاپلوئید حاصل (میکروسپور) را یک دیواره فرا میگیرد. بعدا این سلول دانه گرده (گامتوفیت نر) را بوجود می آورد که زایندهٔ اسپرم است. جانوران، جریان هوا، آب، و سایر عوامل گرده افشانی دانه های گرده را به بخش تولید مثل ماده منتقل میسازند.
تخمدان شامل یک، دو یا چند برچهٔ متصل به هم است که در دیواره درونی آن تخمک ها تشکیل میشوند. مگاسپور یا گامتوفیت ماده درون تخمک نمو یافته و شامل یک سلول تخم (egg)، سلول مادر آندوسپرم، بافت احاطه کننده، و یک یا دو لایهٔ محافظ به نام پوشش (integuments) است.
در لقاح مضاعف هسته یک اسپرم با هسته تخم ترکیب شده و تخم دیپلوئید (zygote) را بوجود می آورد. هسته اسپرم دیگر با دو هستهٔ یکی از سلولهای گامتوفیت ماده ترکیب شده و سلولی را بوجود می آورد که منشأ ظهور بافت مغذی آندوسپرم است. تخمک پس از لقاح اسپرم و تخم به دانه تکامل می یابد. هر دانه از یک اسپوروفیت جنینی و بافتهائی که تغذیه و حفاظت آن را بر عهده دارند تشکیل میشود. بافت تخمدان و بافتهای مجاور در زمان نمو دانه به میوه تکامل می یابد که در پراکندگی دانه نقش دارد. سایر عوامل پراکندگی عبارتند از: جریانهای آبی، هوائی، و جانوران.
دانه ها پس از انتشار جوانه زده و جنین درون آن آب جذب می کند. این جنین به رشد خود ادامه داده و روکش دانه را سوراخ میکند. بذر جوانه زده بزرگ شده و بافتها و اندامهای آن نمو می یابد. میوه و دانه تشکیل شده و برگهای قدیمی می ریزد. هورمون های گیاهی این رشد و نمو را با تغییرات فصلی طول روز تنظیم میکنند.

۳. هورمون های گیاهی میزان و جهت رشد و تمایزات سلولی در بخش های ویژه گیاه در پاسخ به تغییرات فصلی طول روز، دما و سایر شرایط محیط از جمله رطوبت، مقدار نور یا سایه تنظیم میکنند. بخشهای گیاه به نور و جاذبهٔ زمین گرایش دارد. هورمون ها سبب بروز اختلاف در میزان و جهت رشد در دو سمت بخش گیاه شده، حرکت یا چرخش آن را موجب میشود.
پنج دسته هورمون گیاهی شناخته شده اند. اُکسین ها و جیبرلین ها طول ساقه را افزایش میدهند. سیتوکینین ها موجب پیشرفت تقسیم سلولی و ازدیاد برگها شده، پیر شدن آن را کند میسازد. اسید آبسزیک کمون و نهفتگی دانه و جوانه را افزایش داده، با بستن روزنه ها ازدست دادن آب را کنترل میکند. اتیلن رسیدن میوه و قطع آن را ارتقاء می بخشد.

٤. ساعت بیولوژیکی نوعی مکانیسم داخلی برای اندازه گیری زمان است که مبنای بیوشیمیائی دارد. گیاهان در فتوپریودیسم به تغییرات نسبی طول روز و شب که در هنگام فصول بوقوع می پیوندد پاسخ میدهند. رنگدانه سبز- آبی فیتوکروم (phytochrome)، جوانه زنی، طویل شدن ساقه، توسعهٔ برگی، انشعاب ساقه ها، تشکیل گل، میوه، و دانه را ارتقاء بخشیده یا مهار میکند.
گیاهان روز بلند در طی بهار یا تابستان که ساعات روشنائی بیش از تاریکی است، گیاهان روز کوتاه زمانی که طول روز کوتاه است، و گیاهان بیطرف بدون در نظر گرفتن طول روز گل میدهند.
کمون یا نهفتگی (dormancy) حالتی است که در آن رشد گیاه دو ساله یا چند ساله با وجود شرایط مناسب برای رشد متوقف میشود که ممکن است به علت کاهش سطح فیتوکروم فعال (Pfr) باشد. پدیده پیری (senescence) به مجموع فرآیندهایی اطلاق میشود که به مرگ گیاه یا ساختار گیاهی منجر شود.

۵. بسیاری از گیاهان گلدار میتوانند از راه مکانیسمهای مختلف غیرجنسی از قبیل رشد رویشی (vegetative * growth)، بکرزائی (* parthenogenesis) و گسترش کشت بافتی (* tissue culture propagation) تکثیر یابند.

این روش بطور طبیعی توسط ریشه هوائی، ریزوم یا ساقه زیرزمینی،و پیازها، و بطور مصنوعی از راه قطع و پیوند زدن انجام میگیرد.

خودآزمائی Self-Quiz

۱. گلها همزمان با تکامل حشرات، پرندگان و سایر عوامل——— تکامل پیدا کردند.

۲. ——— که حامل گل، ریشه، ساقه، و برگ است بر چرخهٔ زندگی گیاهان گلدار غالب است.

a. اسپوروفیت b. گامتوفیت

۳. ——— به مثابه ظرفی است که در بخش تحتانی آن تخمدان قرار گرفته که در آن تخم ها (eggs) نمو می یابند، لقاح صورت میگیرد و دانه ها کامل میشود.

a. کیسه گرده (pollen sac)
b. برچه (carpel)
c. نهنج (receptacle)
d. کاسبرگ (sepal)

٤. ——— پس از انجام تقسیمات میوز در کیسه های گرده تشکیل میشوند.

a. مگاسپورها b. میکروسپورها c. پرچم ها (stamens) d. اسپوروفیت ها

٥. ——— مگاسپور پس از انجام میوز در تخمکها (ovules) بوجود می آید.

a. دو b. چهار c. شش d. هشت

٦. لپه ها (cotyledons) به عنوان بخشی از——— گیاهان گلدار رشد میکند.

a. دانه b. میوه c. جنین d. تخمدان

۷. از رسیدن ——— دانه و از رسیدن ——— میوه حاصل میشود.

a. تخمدان، تخمک
b. تخمک، پرچم
c. تخمک، تخمدان
d. پرچم، تخمدان

۸. کدامیک از جملات زیر صحیح نیست؟

a. اکسین ها و جیبرلین ها موجب افزایش طول ساقه میشوند.
b. سیتوکینین ها موجب پیشرفت تقسیم سلولی شده و پیر شدن برگها را کند میسازد.
c. اسید آبسزیک از دست دادن آب و دوره نهفتگی را پیشرفت میدهد.
d. اتیلن رسیدن و قطع میوه ها را ارتقاء میبخشد.

۹. هورمونهای گیاهی:

a. بر هم اثر میگذارند.
b. تحت تاثیر شرایط محیط قرار دارند.
c. در جنین درون دانه فعالند.
d. در گیاه بالغ فعالند.
e. همه موارد

۱۰. ——— قویترین محرک فتوتروپیسم است.

a. طول موج قرمز
b. طول موج مادون قرمز
c. طول موج سبز
d. طول موج آبی

۱۱. گل دهی یک پاسخ ——— است.
a. نورگرائی (phototropic)
b. زمین گرائی (gravitropic)
c. فتوپریودیسمی (photoperiodic *)
d. لمس گرائی (thigmotropic *)

۱۲. عبارات زیر را با مناسبترین توضیح مطابقت دهید.

a. تشکیل تخم بارور و اولین سلول آندوسپرم	——— double fertilization
b. تأثیرات متقابل دو گونه، در یک زمان و در یک منطقه اکولوژیکی	——— ovule
c. گامتوفیت ماده با ظرفیت تولید دانه	——— mature female gametophyte
d. کیسهٔ جنینی که هفت سلول دارد و یکی از سلولهای آن دوهسته ای است.	——— asexual reproduction
e. تقسیم سلولی میتوز در جوانه یا گره که یک گیاه جدید بوجود می آورد.	——— coevolution

فصل ۲۹ بافت ها، سیستمهای اندامی، و هومئوستازی

مفاهیم اصلی

۱. فعالیتهای بنیادی متابولیکی در سلولهای جانوری ضامن بقای آنهاست. سلولهای جانوری در سه سطح تشکیلاتی بافت، اندام و سیستمهای اندامی برهم تأثیرمی گذارند. یک بافت مجموعه ای از سلولها و مواد بین سلولی است که بطور همزمان یک یا چند فعالیت به اجرا میگذارد. اندام، واحد ساختمانی بافتهای گوناگون است که به نسبت معین ترکیب شده و وظیفهٔ مشترک دارند. سیستم اندامی مجموعه ای از دو یا چند اندام است که به طریق فیزیکی، شیمیائی، یا فیزیکوشیمیائی بر هم اثر کرده و به بقاء جانور کمک میکند.

۲. بدن اکثر جانوران از ٤ نوع بافت ساخته میشود که عبارتند از: پوششی، پیوندی، ماهیچه ای، و عصبی.
بافت پوششی سطح خارجی بدن و حفرات و لوله های داخلی را میپوشاند. یک بافت پوششی سطح آزادی دارد که در معرض محیط یا مایع بدن قرار میگیرد.

بافت پیوندی موجب استحکام، حفاظت و مجزا کردن سایر بافتها میشود. اکثرا در مادّهٔ زمینه ای خود دارای الیاف پروتئین های ساختمانی (بویژه کُلاژن)، فیبروبلاست ها، و سایر سلول ها میباشند.

a. بافت پیوندی سُست با ماده زمینه ای نیمه مایع، در زیر پوست و اکثر بافت های پوششی قرار دارد.
b. بافت پیوندی متراکم و نامنظم بیشتر شامل الیاف کُلاژن و فیبروبلاست ها است. در پوست حضور داشته ودر اطراف تعدادی از اندام ها پوشش حفاظتی می سازد.
c. بافت پیوندی متراکم و منظم مثل تاندون ها شامل الیاف کلاژن است که بصورت دستجات موازی قرار گرفته و موجب تقویت و نگهداری اندامها میشود.
d. غضروف که دارای ماده بین سلولی جامد و انعطاف پذیر است و نقش ساختمانی و لایه گذاری دارد.
e. استخوان که اسکلت مهره داران را میسازد و با همکاری ماهیچه ها در ایجاد حرکت مؤثرند.
f. خون، یک بافت پیوندی ویژه، از پلاسما، اجزاء سلولی، و مواد محلول ساخته شده است.
g. بافت چربی که نوعی بافت پیوندی تخصصی است مخزن انرژی بوده و بطور عمده از سلولهای چربی ساخته میشود.

بافت ماهیچه ای کوتاه یا منقبض شده، سپس به موقعیت ایستا برمیگردد که به حرکت بدن کمک میکند. سه نوع بافت ماهیچه ای عبارتند از ماهیچه اسکلتی، ماهیچه صاف، و بافت ماهیچه ای قلبی.

بافت عصبی اطلاعات خارجی و داخلی را ترکیب و پاسخ بدن به تغییرات را کنترل میکند. نورون ها واحد اصلی ارتباط در سیستمهای عصبی اند.

۳. محیط داخلی شامل همه مایعاتی است که در سلولهای بدن وجود ندارد و عبارتند از خون، و مایع میان بافتی. همکاری مجموعهٔ سلولها، بافتها، اندامها، و سیستمهای اندامی به حفظ ثبات محیط داخلی کمک میکند که بقاء سلولها را موجب میشود. این مفهوم ما را یاری میدهد که بتوانیم وظیفهٔ هر اندام یا سیستم اندامی را بهتر درک کنیم.

٤. در هومئوستازی محیط داخلی در مطلوبترین سطح فعالیت سلول برقرار است. هومئوستازی به سه عامل وابسته است: گیرنده های حسی (Sensory receptors)؛ ائتلاف دهنده ها (integrators) مثل مغز؛ و اجراء کننده ها (Effectors) مثل ماهیچه یا غده. محرک صورت خاص انرژی است که با گیرنده ها ردیابی میشود. مراکز ائتلاف دهنده مثل مغز علائم را از گیرنده ها دریافت و پردازش داده و به مجریان مثل ماهیچه و غده فرمان واکنش میدهد. کنترل فیدبکی به حفظ و نگهداری شرایط داخلی کمک میکند مثلاً در فیدبک منفی تغییر در یک وضعیت ویژه واکنشی بوجود می آورد که نتیجه اش نقض آن تغییر است.

خودآزمائی Self-Quiz

۱. سلولهای بافت ——— متصل بهم بوده و یک سطح آزاد دارد.
a. پوششی   b. پیوندی
c. عصبی   d. ماهیچه ای

۲. سلولهای ——— رشته های کلاژن و الاستین ترشح میکند.
a. بافت پوششی b. بافت پیوندی
c. بافت ماهیچه ای d. بافت عصبی

۳. ——— ماده زمینه ای نیمه مایع داشته و در زیر اکثر بافتهای پوششی قرار میگیرد.
a. بافت پیوندی متراکم و نامنظم b. بافت پیوندی سُست
c. بافت پیوندی متراکم و منظم d. غضروف

٤. ——— یک بافت پیوندی مخصوص است که اکثر پلاسمای آن اجزاء سلولی و مواد مختلف محلول است.
a. بافت پیوندی نامنظم b. خون
c. غضروف d. استخوان

٥. بدن مازاد هیدراتهای کربن و پروتئین ها را به چربیهای ذخیره ای تبدیل میکند که در——— انباشته میشود.
a. بافت پیوندی مناسب b. بافت پیوندی متراکم
c. بافت چربی d. موارد bو c

٦. ——— میتواند کوتاه یا منقبض شود.
a. بافت پوششی b. بافت پیوندی
c. بافت ماهیچه ای d. بافت عصبی

۷. اجزاء——— تغییرات را ردیابی و هماهنگ کرده و واکنش به آن را کنترل میکند.
a. بافت پوششی b. بافت پیوندی
c. بافت ماهیچه ای d. بافت عصبی

۸. در جانوران پیچیده سلولها:
a. از راه فعالیتهای متابولیکی خود زنده میمانند.
b. به بقاء کلی جانور کمک میکنند.
c. به محافظت از مایع خارج سلولی کمک میکنند.
d. همه موارد

۹. ——— وضعیت فیزیکوشیمیائی بدن را در موقعیت خوبی قرار میدهد.
a. فیدبک مثبت b. فیدبک منفی
c. هومئوستازی d. گسترش بیماری (metastasis)

۱۰. در فیدبک منفی:
a. واکنش ایجاد شده توسط یک محرک شرایط داخلی را به وضعیت اصلی برمی گرداند.
b. یک محرک شرایط عملی داخل بدن را تنزل می دهد.
c. یک محرک شرایط عملی داخل بدن را ارتقاء می بخشد.
d. مواد محلول به مقدار کمتر به سلولهای متأثر برمی گردند.

۱۱. ——— دگرگونی های محیطی را در کنترل فیدبکی ردیابی میکند؛ ——— اطلاعات را ترکیب و واکنشی مناسب اتخاذ میکند و سپس——— آن واکنش را به انجام می رساند.

۱۲. عبارات زیر را با توضیح مناسب مطابقت دهید.
a. همانند لاستیک قوی و انعطاف پذیر است.
b. ترشح از طریق مجرا
c. محیط ثابت داخلی
d. مرکز ائتلاف دهنده (integrating centre)

exocrine gland ______
endocrine gland ______
cartilage ______
homeostasis ______

——— muscles and glands
——— positive feedback
——— negative feedback
——— brain

e. رایج ترین مکانیسم کنترل هومئوستاتیک

f. اجرا کننده (effectors)

g. وقایع زنجیره ای که وضعیت اصلی بدن را تشدید میکند.

h. ترشح بدون واسطه مجرا

فصل ۳۰ ائتلاف و کنترل: سیستم عصبی

مفاهیم اصلی

۱. نورون ها واحد اصلی ارتباط در سیستمهای عصبی اند. نورون ها در ردیابی و ائتلاف اطلاعات داخل و خارج بدن بر هم اثر متقابل داشته و ماهیچه ها و غده ها را در ایجاد واکنش های مناسب انتخاب و کنترل میکنند.
سیستم عصبی اوضاع محیط را احساس و تفسیر کرده و فرامین واکنش را صادر میکند. خطوط ارتباطی شامل نورونهای حسی، رابط، و حرکتی اند. سلولهای عصبی حسی (sensory neurons) گیرنده هائی هستند که محرکهای ویژه را ردیابی میکنند (مثلاً انرژی نورانی). نورون های رابط (interneuron) ائتلاف دهندگان مغز و نخاع بوده که علائم را از گیرنده های حسی دریافت و تفسیر کرده و سپس فرامین پاسخ را صادرمیکنند. نورون های حرکتی (motor neurons) فرامین را از مغز و نخاع به اجرا کنندگان (effectors) مثل ماهیچه و سلولهای اعضاء ترشحی میبرند.

۲. نورون ها نوعی سلول قابل تحریکند بدین معنا که یک محرک مناسب میتواند توزیع بار الکتریکی در عرض غشاء پلاسمائی آنها را بر هم زند. به این ترتیب پیام عصبی از ناحیهٔ input یک نورون تا ناحیهٔ بازده (output) در نزدیکی سلول مجاور سفر میکند.

۳. جسم سلولی و دندریت های یک نورون نواحی input هستند. علائم وارد شونده در منطقهٔ شروع آکسون پتانسیل عمل ایجاد کرده که تا ناحیه بازده در پایانه های آکسون منتشر میشود. پروتئینهای ناقل غشاء پلاسمائی نورون بعنوان دروازه ها یا کانال های باز عبور یون خدمت میکنند. جریان یونها در عرض غشاء اساس پتانسیل عمل است که در پاسخ به محرکی مناسب یک اختلاف ولتاژ ناگهانی، کوتاه مدت و برگشت پذیر در دو طرف غشاء ایجاد میکند. پُمپ سدیم- پتاسیم با نفوذ یونهای کوچک مقابله کرده و به برقراری شیب یونی در عرض غشاء کمک میکند. همچنین پس از یک پتانسیل عمل شیب یونی را به حال اول برمیگرداند.

پتانسیل عمل در ناحیهٔ output zone موجب آزاد شدن فرستنده های عصبی (neurotransmitters) شده که در بین سیناپس شیمیائی بین دو عصب، یا عصب و ماهیچه، یا عصب و سلول ترشحی پخش میشود. در اینصورت غشاء سلول بعدی تحریک شده و به سطح آستانه نزدیکتر میشود یا مهار شده و از سطح آستانه دور میشود.

٤. ائتلاف (integration) به معنای جریان لحظه به لحظهٔ علائم محرک و بازدارنده به سیناپسهای یک نورون است که در آن اطلاعات سیستم عصبی تقویت شده یا کاهش و سرکوب میشود.

٥. خارتنان، هیدر و شقایق دریائی دارای ساده ترین سیستم عصبی اند که سلولهای آن با سلولهای حسی و انقباضی بافت پوششی رابطه رفلکسی برقرار میکنند. سیستم عصبی در اکثر جانوران دارای مغز یا عقده های عصبی در انتهای قدامی و تقارن دو طرفی است. در این جانوران ریسمانهای عصبی بصورت دستجات آکسونی نورونهای حسی، حرکتی، یا هر دو در یک غلاف قرار می گیرند.

٦. سیستم عصبی مرکزی در مهره داران از مغز و نخاع تشکیل میشود (جدول ۱.۳۰). سیستم عصبی محیطی از اعصاب جفت ساخته شده که نواحی بدن را با مغز و نخاع مربوط میسازد.

جدول ۳۰.۱	خلاصهٔ سیستم عصبی مرکزی
نخاع	رفلکسهای حرکتی اعضاء را موجب میشود. رشته های آن علائم عصبی را بین مغز و سیستم محیطی انتقال میدهند.
مغز عقبی	*بصل النخاع یا پیاز مغز تیره* *Medulla oblongata* : مراکز انعکاسی آن ضربان قلب، قطر رگهای خونی، سرعت تنفس، تهوع، سرفه و سایر فعالیتهای حیاتی را تنظیم میکند. مخچه *Cerebellum* : حرکت اعضاء متحرک را با طرز و حالت بدن و جهت یابی فضائی هماهنگ می کند.

	پل مغزی *Pons* : یک پُل رشته ای بین مغز پیشین و مخچه است.سایر رشته های آن نخاع را به مغز جلوئی وصل میکند. با همکاری بصل النخاع سرعت تنفس و عمق آن را کنترل میکند.
مغز میانی Tectum	مراکز آن inputs حسی از لُب های بینائی و واکنشهای حرکتی را در ماهیها و دوزیستان هماهنگ میکند. مراکز انعکاسی آن inputs حسی مغز جلوئی را در پستانداران سریع تقویت میکند.
مغز جلوئی	*غده پینه آل یا غده صنوبری* *Pineal gland* : بعضی از ریتم های شبانه روزی رفتاری را کنترل می کند؛ همچنین در فیزیولوژی تولید مثل پستانداران نقش دارد. *غده هیپوفیز* *Pituitary gland* : سوخت و ساز و رشد و نمو را به کمک هیپوتالاموس کنترل میکند. *دستگاه لیمبیک* *Limbic* system : یک ساختار مغزی پیچیده که احساسات را کنترل میکند. در حافظه نیز نقش دارد. *هیپوتالاموس* *Hypothalamus* : مرکز تنظیم هومئوستاتیک که حجم محیط داخلی و ترکیب و دمای آن را بهمراه غده هیپوفیز کنترل میکند. گرسنگی، تشنگی، و بیان احساسات را کنترل میکند. *تالاموس* *Thalamus* : دارای ایستگاههای تقویت کنندهٔ علائم حسی به قشر مُخ یا از قشر مُخ میاشد. در حافظه نقش دارد. *لُب بویائی* *Olfactory lobe* : تقویت کنندهٔ input حسی به سمت مراکز بویائی مغز پیشین است. *مغز پیشین* *Cerebrum* : درون گذاشت(inputs) حسی را در یک نقطه جمع و پردازش داده و فعالیت ماهیچه اسکلتی را آغاز و کنترل میکند. در مهره داران پیچیده کنترل کنندهٔ حافظه، احساسات و افکار معنوی است.

۷. اعصاب تنی (Somatic nerves) سیستم عصبی محیطی در خدمت ماهیچه های اسکلتی هستند. اعصاب خودکار سمپاتیک و پاراسمپاتیک فعالیت اندامهای نرم داخلی (viscera) مثل قلب و ششها را تنظیم میکند. تحریک اندک عصب پاراسمپاتیک انرژی را در مسیر وظائف اصلی بدن هدایت میکند. تحریک عصب سمپاتیک فعالیت زمان خطر یا هشیاری فراوان را تحریک میکند.

خودآزمائی Self-Quiz

۱. پتانسیل عمل زمانی رخ میدهد که:
a. یک نورون محرک مناسب دریافت کند.
b. دروازه های سدیم بسرعت باز شوند.
c. پمپهای سدیم- پتاسیم شروع به فعالیت کنند.
d. موارد a و b

۲. ـــــــ پتانسیل استراحت غشاء را محافظت میکند.
a. تراوشات یونی
b. پمپ های یونی
c. فرستنده های عصبی یا نوروترنزمیترها
d. موارد a و b

۳. فرستنده های عصبی (neurotransmitters) در بین ـــــــ پخش میشود.
a. سیناپس شیمیائی
b. پمپ غشائی
c. غلاف میلین
d. موارد a و b

٤. یک عصب شامل دستجات آکسونی ——— است.

a. نورونهای حسی   b. نورونهای حرکتی

c. نورونهای حسی و حرکتی   d. همه موارد

٥. آیا این عبارت درست یا نادرست است؟ ماده سفید و خاکستری فقط در نخاع یافت میشود.

٦. عبارات زیر را با توضیح مناسب آن مطابقت دهید.

a. در منطقهٔ input سلول قابل تحریک بوجود می آید.   ______ synaptic integration

b. علائمی که همزمان به یک سلول عصبی میرسند.   ______ muscle spindle

c. در منطقهٔ عمل ایجاد میشود.   ______ graded, local potential

d. گیرنده ای که به کشش حساس است.   ———action potential

٧. اجزاء زیر را با وظائف آن مطابقت دهید.

a. دارای مناطق حسی، حرکتی، و مختلط ائتلافات پیچیده است.   ______ spinal cord

b. کنترل هومئوستاتیک محیط داخلی و اندامهای آن   ——— medulla oblongata

c. مغز احساسی ما   ——— hypothalamus

d. کنترل انعکاس تنفس، گردش خون، و سایر فعالیتهای بنیادی   ——— limbic system

e. تنظیم کنندهٔ ارتباطات رفلکسی و شاهراه مغز و سیستم عصبی محیطی   ——— cerebral cortex

فصل ۳۱ دریافت علائم حسی

مفاهیم اصلی

۱. سیستمهای حسی شامل گیرنده های حسی، مسیر عصبی گیرنده ها به مغز و مناطق مغزی که اطلاعات را دریافت و پردازش میدهد میباشد.

۲. گیرنده های حسی پایانهٔ نورون حسی یا سلول مجاور آن میباشد که به اشکال ویژهٔ انرژی مثل فشار مکانیکی، نور و انرژی مادون قرمز پاسخ میدهد. جانوران تنها وقتی میتوانند به اوضاع داخلی یا خارجی پاسخ دهند که گیرنده های آنها به انرژی محرک های خاص حساس باشد.

a. گیرنده های مکانیکی (Mechanoreceptors) که پایانهٔ آزاد عصبی و سلولهای مو را در بر میگیرد انرژی مکانیکی لمس، فشار، و حرکت موضعی را پیدا میکند.
b. گیرنده های حرارت (Thermoreceptors) انرژی تشعشعی حرارت را کشف میکنند.
c. گیرنده های درد (nociceptors) آسیب بافتی را پیدا میکند.
d. گیرنده های شیمیائی (Chemoreceptors) مثل گیرندهٔ بویائی و گیرندهٔ چشائی مواد شیمیائی محلول در مایعات مجاور خود را پیدا میکند.
e. گیرنده های اُسمزی (Osmoreceptors) تغییر حجم آب و غلظت مواد محلول را ردیابی میکند.
f. گیرنده های نوری (Photoreceptors) انرژی نورانی را کشف میکند. مثال آن میله و مخروط های شبکیهٔ چشم است.

۳. " محرّک " شکل خاصی از انرژی است که بدن آن را با گیرنده های حسی پیدا میکند. " احساس " به معنی آگاهی هوشیارانه از تغییرات اوضاع محیط داخلی یا خارجی است و زمانی آغاز میشود که گیرنده های حسی محرک خاصی را ردیابی میکند. انرژی محرک به یک علامت موضعی تبدیل میشود که به شروع پتانسیل عمل کمک میکند. یک محرک خاص بر اساس فرکانس علائم حرکت کننده در آکسون های مسیر عصبی (تعداد و تناوب پتانسیل عمل) و تعداد آکسون ها ارزیابی میشود. " تفسیر " درک معنای احساس است که توسط نواحی ویژهٔ مغز صورت می گیرد.

٤. احساسات بدنی عبارتند از: حس لامسه، فشار، درد، حرارت، و حس عضلانی که گیرنده های آن به یک بافت یا اندام محدود نمی شود. احساسات مخصوص عبارتند از: حس چشایی، بویایی، شنوایی، توازن، و بینایی که گیرنده های آن در اندامهای حسی مثل چشم و بعضی از مناطق ویژهٔ بدن واقعند.

۵. چشم اندام حس بینایی است که در شبکیه آرایهٔ متراکمی از فتورسپتورها (گیرنده های نوری) دارد (جدول ۱. ۳۱). تحریک بینایی موجب تشکیل تصویر در مغز میشود.

جدول ۱.۳۱	اجزاء چشم در مهره داران
سه لایهٔ تشکیل دهنده دیواره چشم	
لایهٔ خارجی	*اسکلرا* (*Sclera*) : از گُره چشم محافظت میکند. *قرنیه* (*Cornea*) : نور را متمرکز میکند.
لایهٔ میانی	کروئید (*Choroid*) : سرخرگهای خونی که به دیوارهٔ سلولها غذا میرساند؛ رنگدانه ها از افتراق نور جلوگیری میکند. جسم مُژکی (*Ciliary body*) : ماهیچه های آن شکل عدسی را کنترل کرده و رشته های ظریف آن عدسی را به حالت قائم نگه میدارد. عنبیه (*Iris*) : نور وارد شده را تنظیم میکند. مردمک (*Pupil*) : مدخل نور است.

لایهٔ داخلی	*شبکیه* (*Retina*) : انرژی نورانی را جذب و هدایت میکند. *فرورفتگی* (*Fovea*) : دقت بینایی را افزایش میدهد. *آغاز عصب بینایی* (*Start of optic nerve*) : علائم را به مغز میبرد.

داخل گره چشم

عدسی (*lens*) : نور وارد شده را بر روی گیرنده های نوری متمرکز میکند.
خلط آبی (*Aqueous humor*) : نور را منتقل ساخته و فشار را کنترل میکند.
جسم زجاجی (*Vitreous body*) : نور را انتقال داده و از عدسی و کرهٔ چشم محافظت میکند.

٦. اندام توازن در گوش داخلی مهره داران نیروی جاذبهٔ زمین، سرعت، شتاب، و نیروهای تأثیرگذار بر مواضع و حرکات بدن را کشف میکند. گوش خارجی، میانی، و داخلی اجزاء حس شنوایی یا درک صدا در مهره دارانند که امواج صدا را جمع آوری، تقویت، و طبقه بندی میکنند.

خودآزمائی Self-Quiz

١. ــــــ شکل خاصی از انرژی است که با یک گیرندهٔ حسی کشف میشود.

٢. آگاهی هوشیارانه از وجود یک محرک ــــــ نامیده میشود.

٣. ــــــ درک معنی احساسات است.

٤. اجزاء یک سیستم حسی عبارتند از:
a. مسیر عصبی از گیرنده ها به مغز
b. گیرنده های حسی
c. مناطق مغزی
d. همه موارد

٥. ــــــ کاهش در پاسخ به محرک است.
a. تفسیر
b. سازگاری حسی (sensory adaptation)
c. مطابقت در بینایی
d. موارد b و c

٦. انرژی مکانیکی تغییر فشار، موضع، یا شتاب را ردیابی میکند.
a. گیرنده های شیمیایی
b. گیرنده های مکانیکی
c. گیرنده های نوری
d. گیرنده های حرارتی

٧. ــــــ انرژی نورانی را کشف می کند.
a. گیرنده های شیمیایی
b. گیرنده های مکانیکی
c. گیرنده های نوری
d. گیرنده های حرارتی

٨. اجزاء تشکیل دهندهٔ حس بینائی عبارتند از:
a. بافت متراکم گیرنده های نوری
b. چشم ها
c. مراکز تشکیل تصویر در مغز
d. همه موارد

۹. لایهٔ خارجی کرهٔ چشم انسان از ‎———‎ تشکیل شده است.

a. عدسی و کروئید   b. اسکلرا و قرنیه

c. شبکیه   d. موارد a و c

‎۱۰. لایهٔ داخلی کرهٔ چشم انسان از ‎———‎ تشکیل شده است.

a. عدسی و کروئید   b. اسکلرا و قرنیه

c. شبکیه   d. موارد a و c

‎۱۱. عبارات زیر را با مناسبترین توضیح مطابقت دهید.

——— somatic senses   a. اولین اندام تکامل یافتهٔ توازن

——— umami   b. چشایی، بویایی، شنوایی، توازن، بینایی

——— special senses   c. یکی از پنج حس اصلی چشایی

——— intensity of stimulus   d. رمز آن به تعداد و تناوب پتانسیل عمل بستگی دارد.

——— inner ear   e. حس لامسه، فشار، حرارت، درد، و عضلانی

فصل ۳۲ تنظیم درون ریز

مفاهیم اصلی

۱. هورمون ها و سایر مولکولهای علامت دهنده نقش اصلی در یکپارچگی فعالیت سلولهای جانوران دارند. مولکولهای علامت دهنده ترشحات سلولی تحریک کننده یا بازدارنده بوده که رفتار سلولهای هدف را تنظیم می کند. سلول هدف سلولی است که دارای گیرنده های مولکولی مولکول علامت دهنده بوده که ممکن است در نزدیکی سلول فرستندهٔ علامت قرار داشته باشد.

۲. مولکولهای علامت دهنده انواع مختلف دارد. انواع اصلی آن عبارتند از: هورمونها، نوروترنزمیترها (انتقال دهنده های عصبی)، مولکولهای علامت دهندهٔ موضعی، و فرومون ها.

۳. هورمون ها بر فعال سازی ژن، سنتز پروتئین، دگرگونی آنزیمهای موجود، غشاء و سایر اجزاء سلول تأثیر می گذارند. بعضی از هورمونها به غشاء پلاسمائی چسبیده و موجب تغییر قابلیت نفوذ آن به یک محلول ویژه میشود. انواع دیگر مثل هورمونهای استروئیدی بطور مستقیم یا از راه پیوستن به یک گیرندهٔ سیتوپلاسمی، وارد هسته سلولهای هدف شده و بر DNAی آن تأثیر میگذارد. هورمون های پروتئینی به دلیل محلول بودن در آب نمیتوانند وارد سلولهای هدف شوند؛ بنابراین به گیرنده های سطح سلول چسبیده و به کمک پروتئینهای ناقل و پیام آوران ثانویهٔ سیتوپلاسم اعمال نفوذ دارند.

٤. هیپوتالاموس و هیپوفیز در مهره داران بر هم اثر متقابل کرده و فعالیتهای تعدادی از غدد درون ریز را هماهنگ و کنترل میکند. هورمون های هیپوتالاموس که به عنوان هورمون های آزاد کننده و بازدارنده شناخته شده اند، ترشحات سلولهای مختلف جلویی غدهٔ هیپوفیز را کنترل میکند. لُب جلویی شش هورمون ساخته و ترشح میکند که عبارتند از:
* ACTH، * TSH، * FSH، * LH، *PRL، و * STH. اینها موجب ترشح قشر غدد فوق کلیه، تیروئید، جنسی، و شیری شده، پاسخ هائی در سراسر بدن بوجود می آورند. لُب پشتی هیپوفیز دو هورمون هیپوتالاموس یعنی * ADH و اکسی توسین را ذخیره و ترشح میکند. ADH سلولهای کلیه را مورد هدف قرار داده و بر حجم مایع خارج سلولی اثر میگذارد. اکسی توسین با تأثیر بر روی غدد شیری و رحم، بر رویدادهای تولید مثل اثر دارد.

٥. منابع دیگر هورمونی در مهره داران عبارتند از: بخش مرکزی غده فوق کلیه، پاراتیروئید، تیموس، غدد صنوبری (پینه آل)، جزایر لوزالمعده، و سلولهای درون ریز در معده، روده کوچک، کبد و قلب.

٦. اثرات متقابل هورمونی، مکانیسمهای فیدبک، تعداد و نوع گیرنده های سلول هدف، تغییر حالت سلولهای هدف، علائم عصبی، تحول در شرایط شیمیائی موضعی، و تغییرات فصلی طول روز بر ترشح یک هورمون و نتایج آن تأثیر دارد. تغییر محیط شیمیائی موضعی موجب ترشح مولکولهای علامت دهندهٔ موضعی مثل پروستاگلاندینها *میشود. ترشح هورمونهای انسولین و پاراتیروئید در جهت کنترل هومئوستاتیک غلظت مواد خارج سلولی سریعا تغییر میکند.

خودآزمائی Self-Quiz

۱. ــــــــ مولکولهائی هستند که از یک سلول علامت دهنده آزاد و بر روی سلولهای هدف اثر میکنند.

a. هورمونها
b. نوروترنزمیترها
c. فرومون ها
d. مولکولهای علامت دهندهٔ موضعی
e. موارد a و b
f. موارد a تا d

۲. هورمون ها محصول ــــــــ هستند.

a. غدد درون ریز
b. بعضی از نورونها
c. سلولهای برون ریز
d. موارد a و b
e. موارد a و c
f. موارد a، b و c

۳. پیام آوران ثانویه (second messenger *) شامل ——— میباشد.
a. هورمونهای استروئیدی b. هورمونهای پروتئینی
c. AMP حلقوی d. موارد a و b

٤. ADH و اُکسی توسین هورمونهای هیپوتالاموسی هستند که از لُب ——— غده هیپوفیز ترشح میشوند.
a. جلوئی b. پشتی
c. میانی d. ثانوی

٥. GnRH * یک ——— است که بوسیله نورون های هیپوتالاموس ترشح میشود.
a. هورمون آزاد کننده b. هورمون مهارکننده
c. کورتیکوتروپ d. سوماتوتروپ

٦. کدامیک از موارد زیر ترشح هورمونها را تحریک **نمی کند؟**
a. علائم عصبی b. تغییرات شیمیائی موضعی
c. علائم هورمونی d. اشارات محیط
e. همه موارد فوق میتوانند محرک ترشح باشند.

۷. ——— سطح قند خون را پائین و ——— بالا میبرد.
a. گلوکاگن، انسولین b. انسولین، گلوکاگن
c. گاسترین، انسولین d. گاسترین، گلوکاگن

۸. ردیابی غلظت بالای یک هورمون در خون توسط غدهٔ هیپوفیز و مهار ترشح آن یک فیدبک ——— است.
a. مثبت b. منفی
c. طولانی d. موارد b و c

۹. منابع هورمونی ذیل را با مناسبترین توصیف مطابقت دهید.
a. طول روز بر آن تاثیر دارد
b. تأثیرات موضعی قوی
c. سطح کلسیم خون را افزایش میدهد.
d. سرچشمهٔ اپی نفرین *
e. انسولین، گلوکاگن
f. هورمون های وابسته به یُد

——— Adrenal medulla
——— Thyroid gland
——— Parathyroids
——— Pancreatic islets
——— Pineal gland *
——— Prostaglandin

فصل ۳۳ حمایت، تقویت، و حرکت

مفاهیم اصلی

۱. اکثر جانوران یک سیستم پوششی (integument) دارند که سطح بدن را میپوشاند، مثلا کوتیکول حشرات و پوست مهره داران. پوست، بدن را در مقابل خراش و ساییدگی، اشعهٔ ماوراء بنفش، بی آب شدن و بسیاری از بیماریزاها حفاظت میکند. جریان خون در پوست گرما را پراکنده کرده و به کنترل دمای بدن کمک میکند. گیرنده های حسی پوست محرکهای بیرونی را ردیابی میکند. هنگامیکه پوست در معرض نورخورشید قرار میگیرد، ویتامین D در آن تولید میشود که این ویتامین ماده شبه هورمون و مورد نیاز برای جذب کلسیم غذا است.

۲. پوست از دو ناحیه ساخته میشود: اپیدرم خارجی و غشاء زیرین که تقسیمات سریع انجام داده و سلولهائی را که بطور مداوم ریخته یا خراشیده میشوند را جایگزین میسازد. فراوانترین سلولها کراتینوسیتها (تولید کنندگان کراتین) هستند. سلولهای دیگر شامل ملانوسیت ها (تولید کنندگان ملانین)، سلولهای لانگرهانس و سلولهای گرانشتین (Granstein cells) میباشد که دو نوع اخیر در مقابل بیماریزاها و سلولهای سرطانی از بدن دفاع میکنند.

۳. سیستمهای اسکلتی سلسلهٔ جانوران عبارتند از: اسکلت هیدروستاتیک (hydrostatic skeleton)، اسکلت خارجی (exoskeleton) و اسکلت داخلی (endoskeleton).
حرکت جانور به سلولهای انقباضی یا ساختارهائی نیاز دارد که نیروی انقباض بر آنها اعمال شود. مایعات بدن نیروی انقباض را در اسکلت هیدروستاتیک دریافت و در فضای محدود توزیع میکنند، مثلا در شقایق دریائی. اسکلت خارجی حشرات نیروی انقباض را دریافت میکند. استخوانها نیروی انقباضی اعمال شده را در اسکلت داخلی دریافت میکنند.

٤. استخوانها اندامهائی هستند که از سلولهای زندهٔ استخوانی (استئوسیت ها) در ماده معدنی زمینه و غنی از کلاژن ساخته میشوند. استخوانها در حرکت، حمایت و تقویت اندامهای نرم، ذخیرهٔ مواد معدنی، و تشکیل سلولهای خونی (در مغز زرد و قرمز بعضی استخوانها) نقش دارند.

٥. بافتهای پیوندی در مفاصل که بین استخوانها هستند قرار میگیرند به این ترتیب که الیاف کوتاه در مفاصل لیفی، غضروف در مفاصل غضروفی، و رباطها در مفاصل * synovial.

٦. زردپی ماهیچهٔ اسکلتی را به استخوان متصل میسازد. ماهیچه های اسکلتی و استخوانها بصورت یک اهرم عمل میکنند بطوریکه استخوانها میله های اهرم بوده که در نقاط ثابت مفاصل حرکت میکند. ماهیچه ها یا باهم یا در جهت مخالف کار میکنند تا بخشهای بدن به حرکت درآید.
سلولهای ماهیچه صاف، قلبی، و مخطط در واکنش به محرک کافی منقبض یا کوتاه میشود. بسیاری از اندامهای نرم داخلی از ماهیچه صاف تشکیل میشود. تنها قلب از ماهیچه قلبی تشکیل میشود. ماهیچهٔ مخطط در کار استخوان شرکت دارد.

۷. درون هر سلول ماهیچه مخطط الیاف ماهیچه ای فراوانی به نام myofibrils موازی محور طولها قرار میگیرد. این ساختارهای نخ مانند که رشته های آکتین و میوزین را دربرمیگیرد موازی هم مرتب شده اند. هر میوفیبریل متقاطعاً به سارکومرها تقسیم میشود که واحدهای اصلی انقباض اند. جهت یابی موازی این بخش ها موجب میشود که نیروی انقباضی وارد بر استخوان به یک سمت متمایل شود. طول سارکومرهای ماهیچهٔ مخطط در پاسخ به تحریک عصبی کوتاه میشود.

۸. نکات اصلی مدل لغزیدن رشته در انقباض ماهیچه عبارتند از:

a. پتانسیل عمل موجب آزاد شدن یونهای کلسیم از سیستم غشائی شبکه سارکوپلاسمیک میشود که بصورت رشته ای در اطراف میوفیبریل های سلول قرار دارد. کلسیم به درون سارکومرها نفوذ و به پروتئین های فرعی رشته های آکتین می پیوندد، تا آنها را کنار زده و مکانهای پیوندی را در معرض میوزین قرار دهد. حال پُل های عرضی تشکیل میشود.

b. پُل عرضی، یک اتصال کوتاه بین سر میوزین و جایگاه پیوندی آکتین است. این پُل های عرضی طی ضربات قوی و پی در پی و با کمک ATP تشکیل میشود. به این ترتیب رشته های آکتین بر روی رشته های میوزین لغزیده و در مجموع سارکومر کوتاه میشود.

کشش ماهیچه در واقع نیروی مکانیکی حاصل از تشکیل پُل عرضی است. خواص ماهیچه بر اثر ورزش و افزایش سن تغییر میکند.

۹. سلولهای ماهیچه ATP را به سه روش فراهم میکنند: **دیفسفریلاسیون کراتین فسفات** که یک مسیر سریع و بی واسطه در چند لحظه انقباض است. **تنفس هوازی** که مسیر غالب در طی ورزش معتدل و طولانی است. در هنگام ورزش شدید که بیش از ظرفیت بدن در تحویل اکسیژن به سلولهای ماهیچه صورت میگیرد، کنترل در دست **گلیکولیز** است.

خودآزمائی Self-Quiz

۱. کدامیک از موارد ذیل از اعمال پوست **نمی باشد؟**

a. مقاومت در برابر خراش و سائیدگی
b. محدود کردن از دست دادن آب
c. ایجاد حرکت
d. کنترل دما

۲. ______ بالشتکهای ضربتی و نقاط خم شو هستند.

a. مهره ها vertebrae
b. استخوان ران femurs
c. حفرات مغز استخوان
d. صفحات بین مهره ها intervertebral disk

۳. سلولهای خونی در ______ تشکیل میشود.

a. مغز قرمز استخوان
b. همهٔ استخوانها
c. بعضی استخوانها
d. موارد a و c

٤. واحد اصلی انقباض ______ است.

a. میوفیبریل
b. سارکومر
c. فیبر ماهیچه ای
d. رشته میوزین

٥. انقباض ماهیچه به ______ نیاز دارد.

a. یونهای کلسیم
b. ATP
c. ورود پتانسیل عمل
d. همه موارد

٦. ATPی انقباض ماهیچه از طریق ______ حاصل میشود.

a. تنفس هوازی
b. گلیکولیز
c. شکستن کراتین فسفات
d. همهٔ موارد

۷. کلماتی را که با m آغاز میشود با خصوصیات آن مطابقت دهید.

______ muscle
______ muscle twitch
______ muscle tension
______ melanin
______ myosin
______ marrow
______ metacarpals
______ myofibrils
______ muscle fatigue

a. شریک آکتین
b. استخوانهای کف دست
c. تولید سلول خونی
d. زوال در کشش ماهیچه
e. رنگدانه قهوه ای- سیاه
f. واکنش واحد حرکتی
g. نیروی حاصل از پُلهای عرضی
h. دستجات سلولهای ماهیچه ای در غلاف بافت پیوندی
i. بخشهای نخ مانند سلول ماهیچه

فصل ۳٤ گردش خون

مفاهیم اصلی

۱. سیستم گردش خون بسته در انسان و سایر مهره داران تشکیل شده است از: قلب (تلمبهٔ ماهیچه ای)، رگهای خونی فراوان (سرخرگها، سرخرگچه ها، مویرگها، وریدهای کوچک، سیاهرگها) و خون. وظیفهٔ آن نقل و انتقال سریع مواد به درون سلولها و خارج از آن میباشد. قلب پرندگان و پستانداران ماهیچه ای و چهار حجره ای بوده (دو دهلیز و دو بطن) که خون را از طریق دو مدار سرخرگی مجزّا (مدار شُشی و مدار بدنی) که هر دو به قلب هدایت میشود، پمپاژ میکند.
مدار ششی در انسان بین قلب و ششها دور میزند. خون کم اکسیژن سیاهرگهای بدن که وارد دهلیز **راست** قلب میشود از راه سرخرگهای ششی به ششها پُمپ شده و پس از جمع آوری اکسیژن از راه سیاهرگهای ششی به دهلیز چپ قلب میریزد. مدار بدنی بین قلب و تمامی بافتها دور میزند. خون اکسیژن دار دهلیز **چپ** که بدرون بطن چپ میریزد، به درون آئورت پمپاژ شده و سپس در بسترهای مویرگی توزیع میشود. در آنجا خون اکسیژن تحویل داده و دی اکسید کربن جمع آوری میکند. سیاهرگهای بدن خون را به دهلیز راست قلب برمیگردانند.

۲. فشارخون در بطن های در حال انقباض حداکثر است. این فشار به ترتیب در سرخرگها، سرخرگچه ها، مویرگها، وریدهای کوچک، و سیاهرگها اُفت میکند. اندازهٔ این فشار در دهلیزهای درحال استراحت حداقل است. سرخرگها که رگهای سریع الانتقال و مخازن فشار هستند تغییرات فشار حاصل از ضربان قلب را برطرف کرده و بدان وسیله جریان خون را تنظیم میکنند. در شریانچه ها (* arterioles) حجم خون به هر اندازه تنظیم میشود. ضخامت این رگهای خونی در پاسخ به علائم کنترل کننده عریض یا باریک میشود. واکنشهای هماهنگ شریانچه ها در سراسر بدن موجب میشود که اکثر حجم خون به اندامهائی منحرف شود که در آنزمان فعالترین میباشد. خون و مایع میان بافتی مواد را در بسترهای مویرگی (مناطق انتشار) مبادله میکند. سرعت خون در بستر مویرگی کم میشود تا زمان لازم مبادله را دراختیار خون و مایع بین سلولی قراردهد. براثر نیروی فشار مقداری مایع از مویرگها خارج و وارد مایع بین سلولی میشود. وریدهای کوچک روی مویرگها قرار می گیرند. سیاهرگها مخازن حجیم خون بوده که خون کم اکسیژن را به قلب حمل میکنند.

۳. خون یک بافت پیوندی مایع است که از پلاسما، سلولهای خونی قرمز، سفید و پلاکتها تشکیل میشود. خون اکسیژن وسایر مواد را به مایع بین سلولی اطراف سلولها تحویل داده، فرآورده های سلولی و مواد زائد را از آن مایع جمع آوری میکند.

a) بخش مایع خون یا پلاسما سلولهای خونی و پلاکتها را انتقال میدهد. پلاسما پروتئینها، قندهای ساده، چربیها، اسیدهای آمینه، یونهای معدنی، ویتامینها، هورمونها، و چند گاز دیگر را در خود حل میکند.
b) سلولهای قرمز اکسیژن را از ششها به نواحی بدن حمل میکند. تودهٔ هموگلوبین در سلولهای قرمز خون یک رنگدانهٔ آهن دار است که بطور برگشت پذیر به اکسیژن می پیوندد. همچنین سلولهای قرمز خون مقداری از دی اکسید کربن مایع بین سلولی را به ششها میبرند.
c) سلولهای سفید فاگوسیتوز کننده با بلعیدن سلولهای مرده، آثار مخروبهٔ سلولی، و هر شئ دیگر که بخشی از بدن بشمار نمی آید، بافتها را تمیز میکنند. سلولهای سفید خون بنام لمفوسیت ها ارتش عظیمی تشکیل میدهند که باکتریهای ویژه، ویروسها، و سایر عوامل بیماریزا را نابود میسازد.

٤. بند آوردن خونریزی (Haemostasis) فرآیند متوقف کردن اتلاف خون از سرخرگهای آسیب دیدهٔ کوچک است.

٥. سیستم لنفاوی دارای وظایف زیر میباشد:

a) مجاری و مویرگهای لنفی، آب و پروتئینهای پلاسما را که از مویرگها تراوش میشود جذب کرده سپس آنها را به خون برمیگردانند. چربیها را انتقال داده و بیماریزاها و مواد خارجی را به مراکز تخلیه تحویل میدهند.
b) بافتها و اندامهای لنفی مرکز تولید لمفوسیتها و میدان مبارزه با عوامل بیماریزا می باشند.

٦. انقباضات قلب رانش خون را موجب میشود. سیستم هدایت قلبی اساس انقباض خودبخود و ریتمیک قلب است. یک درصد سلولهای ماهیچه قلب انقباض ناپذیرند. این سلولها به گونه ای تخصص یافته اند که پتانسیل عمل را مستقل از سیستم عصبی آغاز و توزیع میکند. سیستم عصبی فقط سرعت انقباض و قدرت آن را تنظیم میکند. دستگاه تنظیم کنندهٔ

ضربان قلب (pacemaker) گرهٔ سینوسی- دهلیزی (Sinoatrial node or SA node) میباشد. امواج تحریک و پتانسیل عملی که از اینجا شروع میشود به دهلیزها و سپس تا انتهای دیواره های قلب پائین رفته و از بطن ها بالا می آید. فشار حاصل از انقباض بطنها خون را از قلب خارج میسازد.

خودآزمائی Self-Quiz

۱. سلولها مواد را بطور مستقیم با ــــــ مبادله میکنند.
a. عروق خونی
b. عروق لنفی
c. مایع بین سلولی
d. موارد a و b

۲. کدامیک از موارد ذیل اجزاء خون **نمی باشد؟**
a. پلاسما
b. سلولهای خونی و پلاکتها
c. گازها و سایر مواد محلول
d. همه موارد فوق اجزاء خون هستند.

۳. ــــــ گلبولهای قرمز تولید میکند که این سلولها ــــــ و مقداری ــــــ حمل میکند.
a. کبد؛ اکسیژن؛ یونهای معدنی
b. کبد؛ اکسیژن؛ دی اکسید کربن
c. مغز استخوان؛ اکسیژن؛ هورمونها
d. مغز استخوان؛ اکسیژن؛ دی اکسید کربن

٤. ــــــ گلبولهای سفید تولید میکند که در ــــــ و ــــــ نقش دارد.
a. کبد؛ حمل و نقل اکسیژن؛ دفاع
b. گره های لنفی؛ حمل و نقل اکسیژن؛ تثبیت ph
c. مغز استخوان؛ تدبیر منزل (housekeeping *)؛ دفاع
d. مغز استخوان؛ تثبیت ph؛ دفاع

۵. در مدار شُشی نیمهٔ ــــــ قلب خون را به ششها پمپاژ کرده سپس خون ــــــ به قلب جاری میشود.
a. راست؛ کم اکسیژن
b. چپ؛ کم اکسیژن
c. راست؛ غنی از اکسیژن
d. چپ؛ غنی از اکسیژن

٦. در مدار بدنی نیمهٔ ــــــ قلب خون ــــــ را به همه نقاط بدن پمپاژ میکند.
a. راست؛ کم اکسیژن
b. چپ؛ کم اکسیژن
c. راست؛ غنی از اکسیژن
d. چپ؛ غنی از اکسیژن

۷. فشار خون در ــــــ بالا و در ــــــ کمترین است.
a. سرخرگها؛ سیاهرگها
b. سرخرگها؛ دهلیزهای در حال استراحت
c. سرخرگها؛ بطن ها
d. سرخرگچه ها؛ سیاهرگها

۸. انقباض ــــــ موجب رانش خون است و فشار خون در ــــــ ی در حال انقباض حداکثر است.
a. دهلیزی؛ بطنها
b. دهلیزی؛ دهلیزها
c. بطنی؛ سرخرگها
d. بطنی؛ بطنها

۹. کدامیک از موارد زیراز وظائف سیستم لنفاوی **نمی باشد؟**
a. تحویل عوامل بیماریزا به مراکز تخلیه
b. تولید لمفوسیت ها
c. تحویل اکسیژن به سلولها
d. برگرداندن آب و پروتئینهای پلاسما به خون

۱۰. رگهای خونی ذیل را با وظائف اصلی آن مطابقت دهید.

ـــــــــ arteries	a. انتشار
ـــــــــ arterioles	b. کنترل توزیع حجم خون
ـــــــــ capillaries	c. نقل و انتقال، مخازن خون
ـــــــــ venules	d. مویرگها را می پوشاند.
ـــــــــ veins	e. نقل و انتقال، مخازن فشار

۱۱. اجزاء ذیل را با مناسبترین توضیح مطابقت دهید.

ـــــــــ capillary beds	a. دو دهلیز، دو بطن
ـــــــــ lymph vascular system	b. سلولهای زنده را شستشو میدهد.
ـــــــــ human heart chambers	c. نیروی رانش خون
ـــــــــ blood	d. مناطق انتشار
ـــــــــ heart contractions	e. از بسترهای مویرگی شروع میشود.
ـــــــــ interstitial fluid	f. بافت پیوندی مایع

فصل ۳۵ مصونیت

مفاهیم اصلی

۱. مهره داران دارای پدافندهای فیزیکی، شیمیائی و سلولی در مقابل میکروارگانیسم های بیماریزا، سلولهای تومور بدخیم، و عوامل تخریب کنندهٔ بافتها می باشند. پوست و غشای مخاطی موانع فیزیکی در برابر عفونتند. موانع شیمیائی شامل ترشحات غده ای (مثل لیزوزیم موجود در اشک، آب دهان و شیرهٔ معده) و محصولات متابولیکی باکتریهای طبیعی ساکن بر سطح بدنند.

۲. بیماریزاها و سلولهای مُرده یا آسیب دیده موادی آزاد میکنند که نفوذ پذیری رگها را بالا میبرد. گلبولهای سفید از خون وارد بافت شده و پس از آزاد کردن تعدادی واسطهٔ شیمیائی، مهاجمان را می بلعند. پروتئینهای پلاسما نیز وارد بافت میشود. چسبیدن پروتئینهای مکمل به بیماریزاها زوال آنان را موجب شده و بیگانه خوارها را به آن موضع جذب میکند. پروتئینهای لخته کنندهٔ خون بافت آسیب دیده را با دیواره ای در بر می گیرد.
واکنشهای آماسی در بافتهای عفونی توسعه می یابد. در هر آماس شریانچه گشاد شده و جریان خون به بافت افزایش می یابد، در نتیجه بافت قرمز و گرم میشود. نفوذ پذیری مویرگها افزایش یافته و ورم موضعی حاصل از آن، آماس و درد را بهمراه می آورد. مشارکت اندامهائی که وظیفهٔ بیگانه خواری دارند مثل طحال و کبد توسعه می یابد.
گلبولهای سفید فاگوسیتوز کننده، عوامل مهاجم را بلعیده و بافتها را تمیز میکنند. پروتئینهای پلاسما فاگوسیتوز را پیشرفت داده و سیستم مکمل را می سازند. این پروتئینها در صورت فعال شدن میتوانند بطور مستقیم بسیاری از باکتریها، آغازیان انگلی، و ویروسهای پوشش دار را نابود کنند.

۳. گلبولهای سفید درصورت ادامهٔ تهاجم واکنش ایمنی نشان میدهند. این سلولها میتوانند مولکولهائی را که برای بدن خارجی بشمار می آید مثل مولکولهای متمایز برروی سلولهای باکتریائی و ویروسها را تشخیص دهند. **آنتی ژن**، یک مولکول خارجی و غیرطبیعی برای بدن است که واکنش ایمنی را موجب می گردد. پس از تشخیص آنتی ژن، تقسیمات متوالی سلولی، کلنی های سلول BوT را بوجود می آورد که به سلولهای مُجری و سلولهای خاطره تمایز می یابند. ترشح اینترلوکین ها از گلبولهای سفید این واکنشها را پیش می برد.

٤. واکنش مصونیت سه ویژگی دارد:
a. تشخیص غیرخودی از خودی. سلولهای Bو T سلولهای بدن را نادیده گرفته و به آنتی ژنها حمله میکنند.
b. پاسخ به آنتی ژن ویژه
c. گیرنده های منحصربفرد سلولهای Bو T میلیونها آنتی ژن را ردیابی میکند.
d. ایجاد خاطره به این ترتیب که برخورد مجدد با همان آنتی ژن پاسخ ثانوی سریعتر بوجود می آورد.

سلولهای خارجی یا سلولهای بدنی غیرعادی واکنشهای مصونیت را افزایش میدهد.

٥. سلولهای B که در مغز استخوان تشکیل و کامل میشود آنتی بادیها را ساخته و ترشح میکنند. آنتی بادیها، پروتئینهائی Y شکل، مکان پیوندی آنتی ژنهای ویژه را دارا هستند. این پیوند موجب خنثی کردن سَم ها، برچسب انهدام زدن به پاتوژنها و جلوگیری از پیوند آنان با سلولهای بدن میشود.

٦. سلولهای کمک کنندهٔ T (T helper cells) و سلولهای منهدم کنندهٔ T (Cytotoxic T cells) در مغز استخوان بوجود آمده و در تیموس گیرنده های خود را بدست آورده و به تکامل میرسد. این گیرنده ها مجموعهٔ آنتی ژن و MHC * را که بر روی سلولهای محتوی آنتی ژن قرار دارد تشخیص داده و به آنها می چسبد. سلولهای منهدم کننده و فعال T (* Activated Cytotoxic T Cells) سلولهای ویروس دار، سلولهای تومور و سلولهای بافت یا اندام پیوند شده را بطور مستقیم از بین می برد.

۷. مصونیت فعال (Active immunity) با تزریق واکسن تحریک شده و مُجریان (effectors) و سلولهای خاطره (memory cells) بوجود می آید. تزریق آنتی بادیهای خالص در مصونیت غیر فعال (passive immunity) به مقابله با عفونت کمک میکند.

۸. آلرژی، پاسخ مصونیتی در برابر مواد بی ضرر است.
سلولهای Bو T در پاسخهای خود ایمنی (Autoimmune responses) به سلولهای بدن حملات نامناسب اعمال میکنند.
کمبود مصونیت به معنای عدم وجود یا ضعف در پاسخ ایمنی است.

۹. جدول ۳۵.۱ گلبولهای سفید خون و نقش دفاعی آنها را خلاصه میکند.

جدول ۳۵.۱ گلبولهای سفید خون و نقش آنها در دفاع	
نوع سلول	**ویژگیهای اصلی**
ماکروفاژ	بیگانه خواری؛ معرفی آنتی ژن به سلولهای T و کمک به تمیز کردن و مرمت آسیب های بافتی
نوتروفیل	فاگوسیت سریع العمل؛ در تورم مشارکت دارد نه در واکنشهای حمایتی و در مقابل باکتری ها مؤثرترینند.
ائوزینوفیل	با ترشح آنزیمها کرمهای انگلی را مورد حمله قرار میدهند.
بازوفیل و سلول mast	با ترشح هیستامین و سایر مواد بر رگهای خونی کوچک اثر کرده و موجب تورم میشوند. همچنین به تولید آلرژی کمک میکنند.
سلولهای درختی (Dendritic cells)	بطور مستقیم و مرحله به مرحله آنتی ژن را به سلولهای کمک کنندهٔ T ارائه میدهند.
لمفوسیت ها:	همه در واکنشهای ایمنی شرکت کرده و کلنی های مُجری و سلولهای خاطره را پس از تشخیص آنتی ژن تشکیل میدهد.
سلول B	پنج نوع آنتی بادی ترشح میکند(IgG, IgA, IgM, IgD, IgE)
سلول کمک کنندهٔ T	اینترلوکین ها را ترشح میکند که اینترلوکین ها تقسیمات سریع و تمایز سلولهای B و T را تحریک میکند.
سلول منهدم کنندهٔ T	سلولهای عفونی ، توموری، و خارجی را از طریق مکانیسم تماس از بین میبرد.
سلول کُشندهٔ طبیعی (NK)	سلول منهدم کننده ای که خویشی و وابستگی آن نامعلوم بوده و سلولهای ویروس دار و تومور را از راه مکانیسم تماس از بین می برد.

خودآزمائی Self-Quiz

۱. ______ بسیاری از بیماریزاهای سطح بدن را بازمیدارد.
a. پوست سالم و غشاهای مخاطی
b. اشک، آب دهان، شیرهٔ معده
c. باکتریهای ساکن
d. جریان ادرار
e. همه موارد

۲. پروتئینهای مکمل (Complement proteins)، وظیفهٔ دفاعی دارند و ______ .
a. سم ها را خنثی می کنند.
b. بر تعداد باکتریهای ساکن می افزایند.

c. تورم را پیشرفت میدهند.
d. با ایجاد تشکیلات منفذ دار موجب نابودی پاتوژن ها میشوند.
e. موارد aو b
f. موارد cو d

۳. ______ منشأ ماکروفاژها هستند.
a. بازوفیل ها b. مونوسیت ها c. نوتروفیل ها d. ائوزینوفیل ها

٤. ______ مولکولهای خاصی هستند که لمفوسیت ها آنان را بیگانه دانسته و موجب بروز واکنش ایمنی میشوند.
a. اینترلوکین ها
b. آنتی بادی ها
c. ایمونوگلوبولین ها
d. آنتی ژن ها
e. هیستامین ها

٥. اصلی ترین آنتی ژن ها ______ هستند.
a. نوکلئوتیدی b. تری گلیسریدی c. استروئیدی d. پروتئینی

٦. اساس ویژگی ایمونولوژیکی______ است.
a. تنوع گیرنده (Receptor) و آنتی ژن
b. نوترکیبی ژن های گیرنده
c. تکثیر سلول Mast
d. موارد aو b
e. همهٔ موارد

٧. واکنشهائی که با میانجیگری آنتی بادیها صورت می گیرد بهترین کارآئی را در برابر ______ نشان میدهد.
a. پاتوژن های درون سلولی
b. پاتوژن های بیرون سلولی
c. توکسین های بیرون سلولی
d. موارد bو c
e. همهٔ موارد

٨. ایمونوگلوبولین های ______ فعالیت های ضد میکروبی موکوس را در بعضی اندامها افزایش میدهد.
a. IgA b. IgE c. IgG d. IgM e. IgD

٩. ______ مورد هدف یک سلول منهدم کننده (Cytotoxic T Cell) قرار می گیرد.
a. اجزاء ویروس خارج سلولی در خون
b. سلول ویروس دار یا سلول تومور
c. کرمهای انگلی کبد
d. سلولهای باکتری در چرک
e. دانه های گرده در موکوس بینی

١٠. مفاهیم مصونیت را با یکدیگر مطابقت دهید.

a. نوتروفیل	______ inflammation
b. سلول اجرا کنندهٔ B	______ antibody secretion
c. پاسخ غیر ویژه	______ fast-acting phagocyte
d. پاسخ نامناسب ایمنی به اجزاء خود بدن	______ immunological memory
e. پایه و اساس پاسخ ثانوی	______ allergy
f. حساسیت بالا به آلرژی زاها	______ autoimmunity

فصل ۳٦ تنفس

مفاهیم اصلی

۱. انرژی سلول بطور عمده در موجودات پُرسلولی از تنفس هوازی حاصل میشود که مسیر متابولیکی تولید ATP است. سلول اکسیژن مصرف کرده و دی اکسید کربن زائد تولید میکند.
هوا مخلوطی از اکسیژن، دی اکسید کربن، و گازهائی است که هر کدام فشاری جزئی اعمال میکند. هر گاز تمایل دارد از ناحیه پُرفشار به کم فشار حرکت کند؛ مثلا اکسیژن بر اثر شیب انتشار در درون بدن جاندار منتشر میشود. فشار این گاز در هوای خارج بیشتر از بافتهائیست که متابولیک فعال دارد. بر خلاف آن، فشار دی اکسید کربن بعنوان یک محصول فرعی متابولیسم در بافتها بیشتر از هوا است.
گازها در جانوران در سراسر یک غشاء تنفسی مرطوب و نازک منتشر میشوند. این غشاء در شُش های انسان مرکب است از: بَشَرهٔ حفره دار، بشره مویرگ ششی، و غشای پایهٔ هر کدام.

۲. تنفس در جانوران به طرق مختلف صورت می گیرد:
a. در بی مهره گان کوچک انتشار اکسیژن و دی اکسید کربن در سراسر سطح بدن فقط بر اثر مبادله پوستی صورت میگیرد. این روش در بعضی از دوزیستان نیز تداوم دارد.
b. آبشش ها اندامهای تنفسی بی مهره گان دریائی و آبهای شیرین هستند که دیواره ای نازک، مرطوب، و پُرچین و شکن دارد.
c. حشرات و بعضی عنکبوتیان تنفس نائی دارند و گازها در لوله های ته بازی که از سطح بدن به بافتها منتهی میشود جریان می یابند. اکثر عنکبوتیان شُش های کتابی با چین های برگ مانند دارند.
d. اغلب خزندگان، پرندگان، و پستانداران تنفس ششی دارند.

۳. راههای هوائی سیستم تنفس انسان عبارتند از: حفرات بینی، گلو، حنجره، نای، نایژه، و نایژکها. میلیونها کیسهٔ هوائی در انتهای نایژکها قرار دارد که جایگاه اصلی تبادلات گازی اند.
شش ها در عمل تنفس تهویه میشوند. هر چرخهٔ تنفسی شامل دم و بازدم است. در طی عمل دم قفسهٔ سینه منبسط شده و فشار شش کمتر از فشار اتمسفر میشود و هوا به درون ششها جریان می یابد. در طی بازدم این وقایع معکوس میشوند.
اکسیژن موجود در ششها بر اثر شیب فشار از فضای کیسه های هوائی به درون مویرگها و سپس در گلبولهای قرمز خون منتشر شده و با هموگلوبین پیوند ضعیفی برقرار میکند. هموگلوبین اکسیژن را در بستر مویرگی آزاد می کند. اکسیژن در سراسر مایع میان بافتی و سپس به درون سلولها منتشر میشود.
دی اکسید کربن سلولها به سراسر مایع میان بافتی و به درون خون منتشر میشود. حجم بزرگی از آن با آب تولید بی کربنات میکند. دی اکسید کربن در ششها از مویرگها به درون کیسه های هوائی منتشر شده و سپس بیرون داده میشود.

خودآزمائی Self-Quiz

۱. حشرات و اکثر عنکبوتیان تنفس ——— دارند.
a. نائی
b. شُشی
c. پوستی
d. موارد a و c

۲. در ——— رنگدانه های تنفسی فراوان است.
a. بی مهره گان
b. مهره داران
c. فتواتوتروف ها
d. موارد a وb

۳. هوا در پرندگان——— جریان می یابد.
a. به درون و بیرون شُشها
b. در سراسر شُشها
c. به درون کیسه های هوائی
d. همهٔ موارد

٤. هرشُش در انسان یک ـــــــ را در برمی گیرد.
a. دیافراگم
b. درخت نایژه ای
c. کیسهٔ پرده جنب
d. موارد b وc

٥. تبادلات گازی در شش های انسان در ـــــــ صورت می گیرد.
a. دو نایژه
b. کیسه های پردهٔ جنب
c. کیسه های هوائی
d. موارد b وc

٦. در تنفس آرام دم ـــــــ و بازدم ـــــــ است.
a. غیرفعال؛ غیر فعال
b. فعال؛ فعال
c. غیرفعال؛ فعال
d. فعال؛ غیرفعال

٧. کمبود اکسیژن در بافتهای بدن (hypoxia) موجب افزایش ترشح ـــــــ میشود.
a. کربونیک آنیدراز
b. منواکسید کربن
c. اریتروپویتین*
d. میوگلوبین

٨. اکسیژن پس از انتشار به درون مویرگها در ـــــــ منتشر شده و به ـــــــ می پیوندد.
a. مایع میان بافتی، گلبولهای قرمز
b. مایع میان بافتی، دی اکسید کربن
c. گلبولهای قرمز، هموگلوبین
d. گلبولهای قرمز، دی اکسید کربن

٩. اُکسی هموگلوبین (Hbo_2) در جائیکه ـــــــ از شش ها است، اکسیژن را سریعتر آزاد میکند.
a. pH کمتر
b. خون سردتر
c. فشار اکسیژن بالاتر
d. فشار دی اکسید کربن پائین تر

١٠. ٦٠ درصد دی اکسید کربن خون انسان به فرم ـــــــ و ٣٠ درصد به فرم ـــــــ حمل میشود.
a. دی اکسید کربن، اسید کربنیک
b. کربنیک آنیدراز، بیکربنات
c. بیکربنات، کربامینوهموگلوبین
d. کربامینوهموگلوبین، بیکربنات

١١. موارد زیر را با اجزاء آن در انسان مطابقت دهید.
a. راه هوائی که به هر شش منتهی میشود.
b. فاصله بین تارهای صوتی
c. شاخه های درخت نایژه ای
d. لولهٔ هوا
e. رنگدانهٔ تنفس
f. جایگاه تبادلات گازی
g. گلو

_____ trachea
_____ pharynx
_____ alveolus
_____ hemoglobin
_____ bronchus
_____ bronchiole
_____ glottis

فصل ۳۷ تغذیه و گوارش در انسان

مفاهیم اصلی

۱. *تغذیه* همه فرآیندهایی را شامل میشود که توسط آن یک موجود زنده غذا را دریافت کرده و آن را هضم، جذب، و استفاده میکند. موادی که بدن به تنهائی قادر به تولید آنها نیست مثل ویتامین ها، مواد معدنی، اسیدهای آمینه و اسیدهای چرب در فرآیند تغذیه جذب بدن میشوند.

۲. بافت پوششی مخاطی سطوح بی حفاظ لولهٔ گوارش را آستر و محافظت کرده و فرآیند انتشار از دیواره را آسان میکند.

۳. فعالیت های دستگاه گوارش عبارتند از:

a. حرکات مکانیکی که مواد غذائی را شکسته و مخلوط کرده و به جلو می راند.
b. ترشح و آزاد کردن آنزیمهای گوارشی و سایر مواد از لوزالمعده، کبد، و پوشش غده ای به حفرهٔ شکم.
c. هضم غذا و تجزیهٔ آن به مولکولهای کوچک و قابل جذب
d. جذب و انتشار ترکیبات آلی هضم شده، مایعات و یون ها از حفرهٔ شکم به محیط داخلی
e. خروج بقایای هضم و جذب نشده در انتهای سیستم

٤. دستگاه گوارش در انسان شامل دهان، حلق، مری، معده، روده کوچک، روده بزرگ (قولون)، راست روده، و مقعد می باشد. غدد بزاقی و کبد، کیسه صفرا، و لوزالمعده نقش فرعی در وظایف دستگاه گوارش دارند(جدول ۳۷.۱)

جدول ۳۷.۱	**خلاصه دستگاه گوارش**
دهان (حفره زبانی) (Mouth (Oral cavity):	مکانی که غذا جویده و مرطوب شده و هضم پلی ساکاریدها آغاز میشود.
حلق (Pharynx):	مدخل مری و نای
مری (Oesophagus):	لوله ماهیچه ای که با آب دهان مرطوب و غذا را از حلق به معده حرکت می دهد.
معده (Stomach):	کیسه ای که در آن غذا با مایع معده مخلوط شده و هضم پروتئین آغاز میشود؛ مایع معده بسیاری از میکروب ها را نابود میکند.
روده کوچک (Small intestine):	اولین بخش آن (دوازده یا اثنی عشر یا duodenum) ترشحات کبد، کیسه صفرا، و لوزالمعده را دریافت میکند. اکثر مواد غذایی در بخش دوم (تهی روده یا jejunum) هضم و جذب میشود. بعضی از مواد غذایی در بخش آخر روده (چم روده یا ileum) جذب میشود و مواد جذب نشده را به قولون تحویل میدهد.
روده بزرگ (Large intestine or Colon):	مواد هضم نشده را از طریق جذب یونهای معدنی و آب تغلیظ و انبار میکند.
راست روده (Rectum):	انبساط آن مدفوع را خارج میکند.
مخرج (Anus):	مدخل نهائی دستگاه گوارش

اندامهای فرعی:	
غدد بزاقی (Salivary glands):	سه جفت غده اصلی و غدد کوچکی که بزاق را ترشح میکند. بزاق مایعی است حاوی آنزیمهای هضم پلی ساکاریدها، بافرها، و ماده مخاطی که غذا را لیز و مرطوب می کند.
لوزالمعده:	آنزیمهای اصلی هضم کننده غذا و محافظت در برابر اسید کلریدریک (HCl) معده را ترشح میکند.
کبد (Liver):	صفرا ترشح میکند که چربی را به حالت امولسیون در می آورد؛ در متابولیسم هیدرات کربن، چربی و پروتئین نقش دارد.
کیسه صفرا (Gallbladder):	صفرای کبد را ذخیره وتغلیظ میکند.

۵. هضم نشاسته در دهان و هضم پروتئین در معده آغاز میشود. گوارش مواد غذایی در روده کوچک کامل شده و بیشتر مواد غذایی جذب میشود. لوزالمعده آنزیمهای اصلی گوارش را ترشح میکند. صفرای کبد به هضم چربی کمک میکند.

۶. تاثیر متقابل دستگاه عصبی و درون ریز و شبکه های عصبی (plexuses) دیوارهٔ شکم، فعالیت ماهیچه و سرعت ترشح هورمون ها و آنزیمهای گوارشی را کنترل میکند.

۷. سلولهای پوششی روده، گلوکز و اسیدهای آمینه را از راه جذب فعال به خارج از حفره شکم انتقال میدهد. اسیدهای چرب و مونوگلیسیریدها از حفره شکم در دو لایه چربی این سلولها منتشر میشود. در سیتوپلاسم این سلولها به شکل تری گلیسرید درآمده که سپس از طریق اگزوسیتوز به مایع میان بافتی آزاد میشود.

۸. مطابق با توصیه و تجویز متخصصین تغذیه، یک وعده غذای روزانه دارای ۶۰-۵۵ درصد کربوهیدراتهای مرکب، ۲۵-۲۰ درصد چربی و ۲۰-۱۵ درصد پروتئین (برای زنان کمتر) میباشد. معمولا یک وعده غذای سالم همه ویتامینها و مواد معدنی ضروری را به بدن میرساند.

۹. برای حفظ تندرستی و وزن معین، باید بین جذب کالری (انرژی) و مصرف آن تعادل برقرار کرد.

خودآزمائی Self-Quiz

۱. ——— از محیط داخلی محافظت میکند، مواد خام را به سلولها میرساند، و مواد زائد متابولیکی را دور می سازد.
a. دستگاه گوارش
b. دستگاه گردش خون
c. دستگاه تنفس
d. دستگاه ادراری
e. تاثیر متقابل این سیستم ها

۲. سیستمهای گوارشی اکثرا نواحی——— غذا را دارد.
a. نقل و انتقال b. پردازش
c. ذخیره d. همهٔ موارد

۳. ترشحات ——— به گوارش و جذب کمکی نمیکند.
a. غده بزاقی b. غده تیموس

c. کبد   d. لوزالمعده

٤. گوارش در ———— کامل شده و اکثر مواد غذایی جذب میشود.
a. دهان   b. معده
c. روده کوچک   d. قولون

٥. صفرا در گوارش و جذب ———— نقش دارد.
a. هیدرات کربن   b. چربی
c. پروتئین   d. اسید آمینه

٦. مونوساکاریدها و اکثر اسیدهای آمینه ———— جذب میشوند.
a. از راه انتقال فعال   b. از راه انتشار
c. در رگهای لنفی   d. بصورت قطرات چربی

٧. بیشترین مقدار کالری از ———— جذب میشود.
a. هیدروکربنهای مرکب   b. هیدروکربونهای ساده
c. پروتئین ها   d. چربیها

٨. بدن انسان نمی تواند بتنهائی همهٔ ———— مورد نیاز خود را فراهم کند.
a. ویتامینها و مواد معدنی
b. اسیدهای چرب
c. اسیدهای آمینه
d. a و b و c
e. a و c

٩. برای حفظ تندرستی و وزن طبیعی بدن باید جذب ———— با مصرف آن برابری کند.

١٠. هر اندام را با نقش (های) اصلی گوارشی آن مطابقت دهید.
———— gallbladder   a. صفرا ترشح میکند؛ نقشهای زیاد متابولیکی
———— stomach   b. اکثر مواد غذایی را هضم و جذب میکند.
———— colon   c. غذا را ذخیره، مخلوط، و حل میکند؛ تجزیه پروتئین را آغاز میکند.
———— pancreas   d. صفرا را ذخیره و غلیظ میکند.
———— salivary gland   e. مواد هضم نشده را غلیظ میکند.
———— small intestine   f. مواد مرطوب کننده غذا را ترشح میکند؛ تجزیهٔ پلی ساکاریدها را شروع میکند.
———— liver   g. آنزیمهای گوارشی و بیکربنات ترشح میکند.

فصل ۳۸ محیط داخلی

مفاهیم اصلی

۱. جانوران بطور دائم آب و مواد محلول را بدست آورده و از دست میدهند، و مواد زائد متابولیکی تولید میکنند. با اینحال ترکیب مایع خارج سلولی و حجم آن در بدن ثابت باقی می ماند.
مایع خارج سلولی شامل انواع مواد محلول و مقادیر ویژهٔ آن میباشد که بصورت مایع میان بافتی در فضای بین بافتها و خون توزیع میشود. برای نگهداری حجم و ترکیب این مایع باید بین جذب و دفع روزانهٔ آب و مواد محلول تعادل برقرار باشد. فرآیندهای ذیل این تعادل را در پستانداران پشتیبانی میکند:

a. آب از راه جذب روده ای و سوخت و ساز حاصل از آن، دفع ادرار، تبخیر شُشی و پوستی، تعریق و خروج مدفوع از دست میرود.
b. مواد محلول از راه جذب روده ای، ترشح، دفع، تنفس، و تعریق از دست داده میشود.
c. فقدان آب و مواد محلول از راه تنظیم حجم ادرار و ترکیب آن کنترل میشود.

۲. در انسان و سایر مهره داران وجود دستگاه ادراری برای برقراری تعادل بین جذب آب و مواد محلول و دفع آن لازم میباشد که بطور دائم آب و مواد محلول خون را تصفیه و مقادیر آن را اصلاح و حذف میکند که به مقادیر مورد نیاز مایع خارج سلولی بستگی دارد.

۳. دستگاه ادراری در مهره داران شامل یک جفت کلیه، یک جفت میزنای، یک مثانه، و یک مجرای خروج ادرار است. کلیه ها اندامهای تصفیه خون میباشد. درون هر کلیه تودهٔ فراوان نفرونی وجود دارد که خون را تصفیه کرده و ادرار را تشکیل میدهد. دو دسته مویرگ خونی به نام گلومرولی و اطراف لوله ای بر نفرون ها اثر متقابل میگذارد.

٤. هر نفرون در انتهای خود و در اطراف یک دسته مویرگ خونی به شکل یک فنجان درآمده (کپسول بومن) که آب و مواد محلول را از آن دریافت میکند. سپس بصورت سه ناحیهٔ لوله ای به نامهای لوله مبدائی، خمیدگی هنله، لولهٔ دور که به یک مجرای جمع کننده خالی میشود ادامه می یابد. نفرون ها اکثر مواد تصفیه شده را به خون مویرگهای اطراف بخش لوله ای خود تحویل میدهد.

٥. جسم کلیوی که واحد تصفیه خون است به مجموعه کپسول بومن و دسته مویرگهای گلومرولی درون آن که نفوذ پذیری بالائی دارد گفته میشود. فشار خون آب و مواد محلول را از مویرگهای خونی به مایع درون فنجان می راند. اکثر مواد تصفیه شده در نواحی لوله ای نفرون جذب دوباره شده و به خون باز میگردد. بخشی از آن بصورت ادرار دفع میشود.

٦. در نفرونها ادرار از راه سه فرآیند تشکیل میشود:

a. تصفیهٔ خون گلومرولی که آب و ذرات کوچک حل شده را وارد نفرون میکند.
b. جذب دوباره. آب و ذرات محلولی که باید نگهداری شود بخشهای لوله ای نفرون را ترک و وارد مویرگهای اطراف لوله ای میشود. حجم کوچکی از آب آن در نفرون باقی می ماند.
c. ترشح. یک سری مواد میتواند مویرگهای اطراف لوله را ترک و وارد نفرون شده تا از راه ادرار دفع شود.

۷. آب و مواد محلولی که به خون برنمی گردد بصورت مایعی به نام ادرار از بدن دفع شده و مکانیسمهائی غلظت یا رقت آن را در هر لحظه تعیین میکند. دو هورمون ADH و آلدوسترون در این تنظیمات نقش عمده داشته و بر سلولهای دیواره لولهٔ دور و مجاری جمع کننده عمل میکند. ADH از راه افزایش جذب دوبارهٔ آب از دیواره، موجب نگهداری آب میشود؛ در غیاب آن آب بیشتری دفع میشود (ادرار رقیق است). آلدوسترون جذب مجدد سدیم را بالا میبرد. در غیاب آن سدیم دفع میشود. آنژیوتنسین II ترشح آلدوسترون و تشنگی را تحریک میکند. آلدوسترون موجب نگهداری سدیم و رفتار تشنگی موجب نگهداری آب از راه ترشح بیشتر ADH میشود. دستگاه ادراری برای حفظ تعادل اسید- باز مایع خارج سلولی، با بافرها (حائل ها) و دستگاه تنفس هماهنگ عمل میکند.

۸. دمای درونی بدن جانوران به برقراری تعادل بین گرمای تولید شده از راه متابولیسم، گرمای از دست رفته به محیط، و گرمای جذب شده از محیط بستگی دارد.
جانوران حرارت را در چهار فرآیند با محیط خود مبادله میکنند:

a. تابش: انرژی مادون قرمز و سایر امواج از بدن منتشر شده و یا به سطح بدن جذب میشود و سپس به انرژی گرمائی تبدیل میشود.
b. همرفت: انتقال گرما از راه جریان هوا یا آب. در این نوع فرآیند، هدایت و انتقال توده ای جریان گرمائی به بدن جانور یا خارج از آن صورت می گیرد.
c. هدایت: انتقال مستقیم انرژی گرمائی از یک شیئ به شیئ در حال تماس.

۹. دمای درونی به سرعت متابولیسم، آناتومی، رفتار و فیزیولوژی بستگی دارد:

a. دمای درونی در حیوانات خونسرد به گرمای مبادله شده با محیط بیشتر بستگی دارد تا به گرمای تولید شده از راه متابولیسم.
b. دمای داخلی در حیوانات خونگرم به سرعت بالای سوخت وساز و کنترل دقیق گرمای تولید شده و گرمای از دست رفته بستگی دارد.
c. در حیواناتی که خونسرد یا خونگرم نیستند ، دمای داخلی دچار نوسان است.

خودآزمائی Self-Quiz

۱. جذب آب در پستانداران به ــــــ بستگی دارد.
a. جذب روده ای b. سوخت و ساز
c. مکانیزم تشنگی d. همه موارد

۲. پستانداران آب را از طریق ــــــ از دست میدهند.
a. پوست b. دستگاه تنفس
c. دستگاه گوارش d. دستگاه ادراری
e. موارد c و d e. موارد a تا d

۳. آب و ذرات کوچک حل شده هنگام ــــــ وارد نفرون ها میشود.
a. تصفیه b. بازجذب لوله ای
c. ترشح لوله ای d. موارد a و c

٤. کلیه ها آب و ذرات کوچک حل شده را بواسطهٔ ــــــ به خون برمی گرداند.
a. تصفیه b. بازجذب لوله ای
c. ترشح لوله ای d. موارد a و b

٥. زیادی ذرات محلول از مویرگهای اطراف لوله ای که بخشهای لوله ای نفرون را در بر میگیرد خارج میشود . این ذرات در جریان ــــــ به داخل نفرون حرکت داده میشود.
a. تصفیه b. بازجذب لوله ای
c. ترشح لوله ای d. موارد a و c

٦. مکانیزم بازجذب نفرونی به ــــــ بستگی دارد.
a. اُسمز در سراسر دیوارهٔ نفرون
b. انتقال فعال سدیم از عرض دیواره نفرون
c. شیب بالای غلظت مادهٔ محلول
d. همه موارد

۷. ــــــ حفاظت و نگهداری آب را ارتقاء می بخشد.
a. ADH b. آلدوسترون
c. حجم پایین مایع خارج سلولی d. موارد a و c

۸. ______ بازجذب سدیم را می افزاید.
a. ADH
b. آلدوسترون
c. حجم پایین مایع خارج سلولی
d. موارد b و c

۹. هر اصطلاح را با شرح مناسب آن انطباق دهید.
a. شورترین مایع آن را احاطه کرده است.
b. خمیدگی های بسیار دراز هنله
c. دستگاه های بافر را شامل میشود.
d. واحد تصفیه خون
e. ADH و آلدوسترون در اینجا اثر میکند.
f. انتقال گرما بواسطهٔ جریان های هوایی یا آبی
g. دمای بدن که دچار نوسان شده در زمانهای دیگر کنترل میشود.
h. انتشار انرژی تابشی
i. انتقال مستقیم حرارت بین دو شیئ که با هم در تماسند.
j. کنترل متابولیسم در دمای داخلی
k. کنترل محیط در دمای داخلی
l. تبدیل مایع به گاز

______ renal corpuscle
______ distant tubule
______ Loop of Henle
______ acid- base balance
______ Kangaroo rat
______ ectotherm
______ endotherm
______ evaporation
______ heterotherm
______ radiation
______ conduction
______ convection

فصل ۳۹ تولید مثل و نمو جانوری

مفاهیم اصلی

مبادی و اصول تولید مثل:

۱. تولید مثل جنسی سبک غالب تولید مثل در جانوران است که به ساختارهای تخصص یافتهٔ تناسلی، مکانیزم های کنترل هورمونی، و روحیات رفتاری نیازمند است. وجود دو جنس متمایز موجب یک مزیت مهم که همان اختلاف در خصوصیات فرزندان است میشود.

۲. شش مرحلهٔ نمو جنینی در انسان و بسیاری از جانوران عبارتند از:
a. تشکیل سلولهای جنسی مثل اووسیت ها (تخمک های نابالغ) و اسپرم در اندامهای تولید مثل. اجزاء مولکولی و ساختمانی در بخشهای مختلف این سلولها متمرکز و انباشته میشود.
b. باروری، از زمان نفوذ اسپرم به درون تخمک تا ترکیب و امتزاج اسپرم و هسته تخمک که تخم یعنی تخمک بارور را بوجود می آورد.
c. تسهیم زمانی است که تقسیمات سلولی میتوز تخمک بارور را به سلولهای کوچکتر (بلاستومرها) دگرگون میسازد. تسهیم موجب افزایش حجم اولیه سیتوپلاسم تخمک نمی شود بلکه فقط تعداد سلولها را افزایش میدهد. زرده، mRNA ها ، پروتئین ها و اجزاء اسکلت سلولی در بین بلاستومرهای جدید تقسیم میشود که موضعی کردن سیتوپلاسم (Cytoplasmic localization) نامیده میشود.
d. در گاسترولاسیون لایه های بافتی اولیه یا لایه های جنینی ساخته شده و تقسیمات سلولی و مهاجرت های سلولی منجر به تشکیل آندودرم، اکتودرم، و در اکثر گونه ها مزودرم میشود و بافتهای بالغ از لایه های بافتی اولیه پرورش می یابد.
e. آغاز تشکیل اندام یا مورفوژنز و شکل زائی از گاسترولاسیون آغاز شده و اندامهای مختلف مطابق با برنامهٔ هماهنگ تمایز سلولی و شکل زائی شروع به نمو میکند.
f. رشد و تخصص بافتی که در آن اندامها بزرگ شده و ویژگیهای اختصاصی فیزیکو شیمیائی پیدا می کند تا مراحل پس از جنینی ادامه دارد و جنین زمانی نمو کامل می یابد که مراحل نموی یکی پس از دیگری بطور موفقیت آمیز طی شود.

۳. یک سلول در تمایز سلولی ژن های مخصوصی را انتخاب کرده و پروتئین هائی می سازد که در سلولهای دیگر یافت نمیشود. نتیجهٔ آن سلولهای تخصص یافته ای است که در ساختمان، بیوشیمی، و کار با هم اختلاف دارند.

۴. تمایز سلولی وسیع در پدیدهٔ سالخوردگی موجب در هم شکستن تدریجی ساختار و عمل سلولها شده که به زوال بافتها، اندامها، و نهایتا بدن منتهی میشود.

۵. تعیین نوع سلول به اثرات متقابل ژنهای برتر بستگی دارد که این ژنها محصولات ویژه را تعیین میکنند. این محصولات تشکیلات فضائی یافته و گرادیان های شیمیائی ایجاد میکند که بر تمایز و در نهایت هویت هر یک از اعقاب سلولی تأثیر گذارند. همچنین موضعی کردن سیتوپلاسم به تعیین سرنوشت سلولها کمک میکند.

تولید مثل و نمو در انسان:

۱. مردان از سن بلوغ به بعد بطور مداوم اسپرم میسازند. مرکز کنترل وظائف تناسلی در مردان هورمون های جنسی تستوسترون، LH، وFSH میباشد که این هورمونها بین بیضه ها، هیپوتالاموس، و لُب قدامی غده هیپوفیز ارتباط برقرار میکنند.

۲. زنان از سن بلوغ به بعد باروری دوره ای دارند. هر ماه یک تخمک (Egg) از یکی از جفت تخمدان ها در طی سالهای تولید مثلی زنان آزاد شده و جدار رحم (اندومتریوم) برای آبستنی احتمالی آماده میشود. مرکز کنترل این فعالیت دوره ای هورمون های استروژن ، پروژسترون، FSH، و LH می باشد که این هورمون ها بین تخمدان ها، هیپوتالاموس، و لُب قدامی غده هیپوفیز ارتباط برقرار میکنند.

۳. سیکل قاعده گی که سیکل تکراری و متناوب باروری جنس ماده و سایر پریمات ها در طی سالهای تولید مثلی می باشد از مراحل ذیل تشکیل میشود:

a. مرحلهٔ فولیکولی: هر فولیکول شامل یک اووسیت و لایه سلولی اطراف آن است که در درون تخمدان به حد رشد میرسد. ضمنا اندومتریوم برای حاملگی احتمالی آماده میشود. اندومتریوم در صورت عدم وقوع حاملگی در هر سیکل فرومیریزد.
b. تخمک گذاری: افزایش ناگهانی و شدید سطح LH در خون در نیمهٔ هر سیکل موجب تخمک گذاری یا آزاد شدن اووسیت ثانویه از تخمدان میشود.
c. مرحلهٔ تولید جسم زرد در تخمدان: پس از تخمک گذاری، جسم زرد (Corpus luteum) که یک ساختار ترشحی است از بقایای فولیکول توسعه می یابد. جسم زرد پروژسترون و مقداری استروژن ترشح میکند که اندومتریوم را برای لقاح آماده میسازد. جسم زرد در صورت وقوع لقاح باقی می ماند.

٤. هنگام نمو جنین انسان و سایر مهره داران چهار غشاء خارج جنینی به شرح زیر ساخته میشود:

a. کیسهٔ آمنیون (amnion) در اطراف جنین پُر از مایع میشود که جنین را در برابر خشک شدن، ضربه مکانیکی و تغییرات ناگهانی دما محافظت میکند.
b. کیسهٔ زرده، زردهٔ مغذی را ذخیره میکند. در انسان بخشی از کیسه جایگاه اصلی تشکیل خون شده و بعضی از سلولهای آن سلولهای زاینده را بوجود می آورد که بعدا اسپرم و تخمک را می سازند.
c. کوریون (chorion) یک غشاء محافظ است که جنین و سایر غشاهای خارج جنینی را در بر می گیرد. همچنین جزء عمدهٔ جفت (placenta) میشود.
d. آلانتواز(allantois) که رگهای خونی جفت و مثانه را در انسان بوجود می آورد.

٥. جفت که اندام بلعنده خون است از اندومتریوم و غشاهای خارج جنینی درست میشود. در حالیکه رگهای خونی جنین بطور مستقل از رگهای مادر توسعه می یابد، اکسیژن، مواد غذائی و مواد زائد در رگهای جنین منتشر میشود.

خودآزمائی Self-Quiz

۱. نواحی مختلف سیتوپلاسم تخمک بارور شده در جریان تسهیم به بلاستومرهای جدید اختصاص می یابد. این ______ پدیده نامیده میشود.

a. موضعی کردن سیتوپلاسم (cytoplasmic localization)
b. القاء جنینی (embryonic induction)
c. تمایز سلولی(cell differentiation)
d. شکل زائی (morphogenesis)

۲. لایه های اصلی بافتی در______ ظاهر میشود.

a. قشر تخمک b. هنگام تسهیم c. گاسترولا d. اندامهای اصلی

۳. تشکیلات بدنی مگس میوه تا انسان نسبت به محور طولی خود به ______ بستگی دارد.

a. مورفوژنها (morphogens)
b. ژنهای هومئوتیک (* homeotic genes)
c. القای جنینی (* embryonic induction)
d. همه موارد

٤. ______ کیسه ای است پُر از مایع که جنین را فرا گرفته و آن را از ضربات مکانیکی و خشکی محافظت میکند.

a. کیسهٔ زرده b. آلانتواز c. آمنیون d. کوریون

٥. جفت :

a. از غشاهای خارج جنین ساخته میشود.
b. رگهای خونی جنین و مادر را مستقیما مربوط میسازد.
c. رگهای خونی مادر را از جنین جدا می سازد.

٦. مراحل نموی زیر را با شرح آن مطابقت دهید.

______ cleavage	a. تخمک و اسپرم بالغ در والدین
______ gamete formation	b. ترکیب هستهٔ اسپرم و تخمک
______ organ formation	c. تشکیل لایه های اصلی بافتی
______ growth, tissue specialization	d. موضعی کردن سیتوپلاسم که در اکثر جانوران توفق دارد.
______ gastrulation	e. سایز اندامها و بافتها افزایش یافته و تخصصی میشوند.
______ fertilization	f. تفکیک لایه های اصلی بافتی به زیرجمعیت های سلولی

فصل ٤٠ اکولوژی جمعیت

مفاهیم اصلی

۱. یک جمعیت گروهی از افراد یک گونه اند که منطقهٔ معینی را اشغال می کند. جمعیت دارای ویژگیهای اندازه (size)، تراکم (density)، توزیع (distribution)، ساختار سنی و ویژگیهای وراثتی می باشد که بر روند رشد آن تآثیرگذار است.

۲. اصول و مبادی اکولوژیکی، رشد و بقای همهٔ جمعیت ها از جمله جمعیت های انسانی را کنترل میکند.

۳. میتوان سرعت رشد یک جمعیت در مدتی معین را از راه محاسبهٔ سرعت موالید، مرگ ومیر، مهاجرت به داخل و خارج، تعیین کرد. برای آسان کردن محاسبات، آثار مهاجرت به داخل و خارج را نادیده گرفته و سرعت موالید و مرگ و میر افراد را در واحد زمان بصورت متغیر r ترکیب می کنیم. رشد جمعیت بصورت معادلهٔ $G= r N$ نشان داده میشود که N تعداد افراد در مدتی معین می باشد.

٤. هنگامیکه تعداد موالید بر تعداد مرگ و میر پیشی گرفته و مهاجرت به داخل و خارج در توازن قرار گیرد، جمعیت ها رشد تصاعدی نشان داده و اندازه شان پی در پی افزایش می یابد زیرا تعداد افرادیکه در گروه سنی تولید مثل قرار دارد بیشتر و بیشتر میشود. منحنی رشد آن J شکل است.

٥. یک جمعیت ممکن است رشد منطقی نشان دهد. طبق این الگو، تراکم جمعیت در آغاز کم است. تراکم جمعیت تعداد افرادی است که در زمانی معین در منطقه ای معین ساکنند. سپس اندازهٔ جمعیت بسرعت افزایش می یابد. نهایتا زمانیکه کمبود منابع افزایش جمعیت را محدود کرده یا از تعداد آن میکاهد، اندازهٔ جمعیت در سطح تراز یا ظرفیت حامل قرار می گیرد.

٦. ظرفیت حامل (carrying capacity) نامی است که بوم شناسان به بیشترین تعداد افراد یک جمعیت میدهند که با منابع در دسترس محیط خود تا زمانی معین پشتیبانی شوند. تغییراتی که در دسترسی این منابع بوجود می آید این تعداد را کاهش یا افزایش میدهد.

۷. همه جمعیت ها با محدودیت رشد مواجه اند زیرا هیچ محیطی نیست که بتواند افرادی را که تعدادشان پیاپی افزایش می یابد بطور نامحدود حمایت کند. عوامل محدود کننده مثل رقابت برای منابع، بیماری، و صید به تراکم جمعیت (density) وابسته اند. عوامل مستقل از تراکم مثل تغییرات ناگهانی آب وهوا کمابیش بطور مستقل سرعت مرگ و میر را افزایش و سرعت موالید را کاهش میدهد و اندازه جمعیت را در طول زمان تغییر میدهد.

۸. رشد سریع جمعیت انسانی در دو قرن گذشته مرهون گسترش مساکن طبیعی و پیشرفت های تکنیکی، کشاورزی، و پزشکی است که ظرفیت حامل را بالا برده اند.

۹. جمعیت کنونی بشر بالغ بر ٦ بیلیون است. نرخ رشد سالانهٔ جمعیت در کشورهای توسعه یافته زیر صفر و در کشورهای در حال توسعه بالغ بر ۳ درصد است. نرخ رشد سالانهٔ جمعیت جهانی در سال ۲۰۰۰، ۱.۲٦ درصد بود.

خودآزمائی Self-Quiz

۱. ______ مطالعهٔ اثر موجودات زنده بر هم و بر محیط فیزیکی و شیمیایی آنها میباشد.

۲. ______ گروهی از افراد یک گونه اند که در منطقه ای معین ساکن باشد.

۳. سرعت رشد یا انهدام یک جمعیت به سرعت ______ بستگی دارد.
a. موالید b. مرگ و میر c. مهاجرت به خارج d. مهاجرت به داخل e. همهٔ موارد

٤. جمعیت ها زمانی رشد تصاعدی دارند که:
a. اندازهٔ جمعیت بصورت بسیار افزایشی در طی زمانهای متوالی توسعه یابد.
b. اندازهٔ جمعیت کم تراکم بتدریج و سپس بسرعت افزایش می یابد و به محض رسیدن به ظرفیت حامل در سطح تراز قرارمی گیرد.
c. هر دو مورد از ویژگیهای رشد تصاعدی اند.

٥. ______ بالاترین رقم افزایش افراد یک گونهٔ معین در شرایط ایده آل است.
a. پتانسیل حیاتی
b. ظرفیت حامل
c. مقاومت محیطی
d. کنترل تراکم

٦. نرخ رشد جمعیت بصورت ______ توسط عوامل محدود کنندهٔ رقابت برای منابع، بیماری، و صید و شکار کنترل میشود.
a. مستقل از تراکم
b. حمایتی
c. عمر معیّن
d. وابسته به تراکم

٧. کدامیک از عوامل ذیل اندازهٔ جمعیت را تغییر نمی دهد؟
a. صید و شکار
b. رقابت
c. منابع
d. آلودگی
e. همهٔ موارد میتوانند اندازهٔ جمعیت را تغییر دهند.

٨. میانگین نرخ رشد سالیانهٔ جمعیت انسانی در نیمهٔ سال ۲۰۰۰ ______ درصد بود.
a. صفر
b. ۱/۰۵
c. ۱/۵۵
d. ۲/۷
e. ٤/۰
f. ۱/۲٦

٩. هر عبارت را با مناسبترین توضیح مطابقت دهید.
a. رشد حداکثر جمعیت در شرایط ایده آل
b. منحنی رشد جمعیت که S شکل است.
c. ظرفیت حامل یا بیشترین افرادیکه توسط منابع محیط حمایت شوند.
d. منحنی رشد جمعیت که J شکل است.
e. کمبود منابع ضروری رشد جمعیت

______ carrying capacity
______ exponential growth
______ biotic potential
______ limiting factor
______ logistic growth

فصل ٤١ تداخلات اجتماعی (۱)

مفاهیم اصلی

۱. جانوران واکنشهای هماهنگ به مُحرّکها نشان میدهند که به آن رفتار جانوری گفته میشود. فرامین این واکنشها در ژن هائی رمز گذاری میشود که محصولات مورد نیاز توسعه و کارکرد سیستمهای عصبی، غدد درون ریز، و اسکلتی- ماهیچه ای را تعیین میکند. این سیستمها فرامین واکنشهای رفتاری به محرکها را کشف کرده و آن را پردازش و صادر می نماید.

۲. رفتار غریزی رفتاری است که بدون یادگیری از راه تجربه، به اجراء درآید و واکنش به یک یا دو اشارهٔ محیطی ساده و معنی دار (محرکات علامتی) است. مثلاً جانوری که تازه متولد شده یا از تخم بیرون آمده، بی آنکه لازم باشد بعضی رفتارها را از راه تجربهٔ واقعی فرا گیرد، رشته های عصبی و سیستمهای حرکتی مورد نیاز اجرای آن را دارا می باشد.

۳. تقریبا در همه گونه های جانوری سیستم عصبی دارای استعداد پردازش و حفظ اطلاعاتیست که از تجارب محیطی بدست آورده است. سپس از این اطلاعات استفاده کرده و واکنشهای رفتاری را تغییر میدهد. این پی آمدها " رفتارهای فرا گرفته شده" خوانده میشود. یادگیری نتیجهٔ صرف نیروی وراثتی و محیطی است.

٤. " رفتار" نیز مانند سایر ویژگیهای وراثتی در معرض تکامل از راه انتخاب طبیعی قرار می گیرد که نتیجهٔ اختلافات فردی در موفقیت های تولید مثلی است.

٥. زمینهٔ رفتار اجتماعی ارتباطات تکامل یافته است. علائم ارتباطی مانند بوی ویژه، رنگ و طرح بدن، طرز ایستادن که توسط فرد علامت دهنده فرستاده میشود می تواند رفتار فرد دیگر از همان گونه را (یعنی فرد علامت گیرنده) تغییر دهد.
علائم شیمیائی، بصری، صوتی و لامسه ای اجزاء جلوه های ارتباطی می باشد. فرومون ها در ارتباط شیمیائی عمل میکنند. فرومون های علامت دهنده مثل جلب کننده های جنسی موجب تغییر فوری رفتار دریافت کننده میشود. اعمال یا اشارات قابل مشاهده (علائم بصری) اجزاء اصلی جلوه های معاشقه و تهدید اند. علائم صوتی مثل صدای جفت گیری در غورباقه ها دارای اطلاعات ویژه و دقیقی است. علائم لامسه ای روش های ویژهٔ تماس بدن بین یک علامت دهنده و علامت گیرنده می باشد.

٦. گروههای اجتماعی دارای منافع و زیان هائی می باشند؛ از جمله منافع آن می توان از فشار قوی صید و شکار و مضرات آن رقابت برای منابع محدود و در معرض قرارگیری در برابر انگل ها و بیماریهای مُسری را نام برد. این منافع و مضرات از طریق توانائی فرد در انتقال ژن هایش به فرزندان سنجیده میشود. چنین نیست که هر محیطی موجب تکامل این گروهها شود. در بعضی موارد زندگی منزوی به افراد رخصت میدهد تا فرزندان بیشتری برجای گذارند که تعلق به گروهی بزرگ چنین رخصتی نمیداد.

٧. اغلب اعضای یک گونه در انتخاب جفت و دستیابی به آن با هم رقابت داشته و برای موفقیت تولید مثلی یکدیگر مانع بوجود می آورند. در رفتار نوعدوستی یا ازخودگذشتگی، افراد فرصت های تولید مثلی خود را با کمک به افراد دیگر گروه از دست میدهند، مثل کارگران بعضی از حشرات اجتماعی و کور موشهای گر. اکثر گروهها شانس تولید مثل خود را قربانی نمی کند. نوعدوستی به بقای خویشاوندان تولید مثل کننده کمک میکند بنابراین به نمایندگی افراد نوعدوست، ژن های بروز رفتار تولید مثل به آیندگان سپرده میشود.

٨. در سلسله مراتب تسلط (Dominance hierarchy) افراد مسلط زیردستان خود را مجبور میکنند که از حق خود در غذا و بعضی منابع دیگر صرفنظر کنند. هنگامیکه زیردستان تسلیم اعضای مسلط گروه خود شوند ممکن است به منافع پایاپای زندگی گروهی مثل امنیت از دست صیادان نائل شوند. زیردستان در بعضی از گونه ها درصورت داشتن عمر کافی تولید مثل کرده و افراد مسلط نیز از بین میروند.

Self-Quiz خودآزمائی

۱. نظریهٔ کلارک (Clark) و میسون (Mason) مبنی بر آراستن لانه با هویج وحشی توسط سارها در به حداقل رساندن کرمهای ریز موجود در لانه هایشان یک ——— بود.

a. فرضیهٔ آزمایش نشده b. پیش بینی
c. آزمایش فرضیه d. نتیجه گیری مستقیم

۲. ژن ها رفتار فرد را از راه تأثیرگذاری بر ——— تحت تأثیر قرار میدهد.

a. نمو سیستمهای عصبی b. انواع هورمون ها
c. نمو ماهیچه و اسکلت d. همهٔ موارد

۳. بطور کلی زندگی اجتماعی تحت تأثیر——— قرار میگیرد.

a. رقابت برای غذا و سایر منابع b. آسیب پذیری به بیماریهای مسری
c. رقابت برای جفت d. موارد a تا c

٤. این گفته که " ازدحام جمعیت موجب پراکنده شدن موشهای صحرائی قطب شمال به مناطقی است که برای تولید مثل مساعدترند."

a. با نظریهٔ تکامل داروین سازگار است.
b. بر اساس نظریهٔ تکامل انتخاب گروهی است.
c. با این یافته که اکثر جانوران در طی حیات خود رفتار نوعدوستانه نشان میدهند مطابقت دارد.

٥. تشابه وراثتی دائی با خواهر زادهٔ خود:

a. مثل والدین و فرزندان است.
b. بیش از دو همنژاد است.
c. به تعداد خواهر زاده ها بستگی دارد.
d. از یک مادر به دخترش کمتر است.

٦. عبارات ذیل را با مناسبترین توضیح آن مطابقت دهید.

a. شکل یادگیری که به فاکتورهای زمان و محرک وابسته است. ——— fixed action pattern
b. ژن ها و تجربهٔ واقعی ——— altruism
c. تکمیل فیدبک محیطی از طریق برنامهٔ تقلیدی ——— basis of instinctive and learned behaviour
d. یاری رسانی به فرد دیگر به هزینهٔ خود ——— imprinting

فصل ۴۲ تداخلات اجتماعی (۲)

مفاهیم اصلی

۱. مسکن طبیعی (habitat) مکان معمول زندگی افراد یک گونه یا آدرس آنها میباشد. اجتماع تجمع همهٔ گونه هائی است که یک مسکن را اشغال کرده و از راه همزیستی مسالمت آمیز، همسفرگی، رقابت، شکار، و زندگی انگلی بطور مستقیم یا غیر مستقیم در ارتباطند.

۲. یک گونه جا و مقام و حرفهٔ خود را در اجتماع دارد که مجموعهٔ فعالیت ها و ارتباطاتی است که اعضای یک گونه برای محافظت و استفاده از منابع مورد نیاز بقاء و تولید مثل خود دارد. تعداد گونه های یک اجتماع به مکان جغرافیائی و اندازهٔ مسکن، سرعت مهاجرت و انقراض گونه ها، تعرض به مساکن طبیعی و همچنین منابع و زمینهٔ فراهم بودن آن بستگی دارد. مثلاً تنوع زیستی در مناطق استوائی حداکثر و به طرف نواحی قطبی کاهش می یابد.

۳. دو گونه ای که به یک منبع محدود نیاز دارد، برای بهره برداری سریع و مؤثر از آن به رقابت برمی خیزد؛ در صورت طرد رقابتی نمی توانند همزیستی نا محدود داشته باشند. احتمال همزیستی برای گونه هائی که بطور متفاوت از منابع استفاده میکنند یا منبع مشترکی را به روشهای مختلف در زمانهای مختلف استفاده میکنند بیشتر است.

۴. صید وصیاد مراحل سیر تکامل را با هم می پیمایند. به این ترتیب که ممکن است یک ویژگی جدید وراثتی در جمعیت صید یا صیاد بظهور برسد مثل جلوه های تهدید، ابزارهای شیمیائی، ایماء و اشارهٔ تقلیدی و استتار در صید؛ و حرکات دزدکی و پنهانی و استتار در صیاد.

۵. اختلاف ناحیه ای در خاک و سایر شرایط مسکن طبیعی، آتش سوزیهای فصلی، و حوادث احتمالی موجب جایگزینی گونه های یک مسکن بوسیلهٔ گونه های دیگر میشود و آنان هم بوسیلهٔ گونه های دیگر و به همین ترتیب در یک تسلسل پیش بینی شده. این فرآیند جانشینی اولیه (* Primary succession) نامیده میشود و جامعهٔ به اوج رسیده (* Climax community) ارائه میدهد که آرایهٔ استوار و دائمی گونه هائی است که باهم وبا محیط در توازن قرار دارد. تداخل گونه ها و خیزهای محیطی موجب بی ثباتی یک جامهٔ به اوج رسیده میشود.

۶. تغییرات کوچک و تکراری در اجتماع، تغییرات طولانی مدت آب و هوا، عدم توازن بین نیروی صید و صیاد و رقابتهای ناموزون، گسترش بُرد خانگی و مهاجرت سریع افراد به مساکن دور، همچنین پراکندگی گونه ها در نتیجهٔ پدیدهٔ تکتونیک صفحه ای (Plate tectonics) در طول دوره های زمین شناسی، ساختار اجتماع را میتواند بطور دائم تغییر دهد.

خودآزمائی Self-Quiz

۱. موطن یا مسکن طبیعی:

a. ترکیبات فیزیکوشیمیائی ویژه دارد.
b. مکان معمول زندگی افراد یک گونه است.
c. با گونه های مختلف اشغال میشود.
d. موارد a و b
e. موارد a تا c

۲. سودمندی دوجانبه در تداخلات دوجانبه نتیجهٔ ——— گونه ها است.

a. همکاری نزدیک b. بهره برداری دوطرفه
c. تفکیک منابع d. همزیستی رقابتی

۳. یک niche :

a. مجموعهٔ فعالیت ها و ارتباطات گونه های یک اجتماع برای تأمین و استفاده از منابع می باشد.
b. برای یک گونهٔ معین غیر قابل تغییر است.

c. کم و زیاد می‌شود.

d. موارد a و b

e. موارد a و c

٤. زمانی دو گونه می‌تواند در یک مسکن طبیعی همزیستی داشته باشد که:

a. از منابع مختلف استفاده کند.

b. یک منبع را به طرق مختلف تقسیم کند.

c. یک منبع را در اوقات مختلف استفاده کند.

d. همهٔ موارد

٥. جمعیت صید و صیاد:

a. همزیستی استوار دارد.

b. می‌تواند تراکم دوره ای و نامنظم داشته باشد.

c. نمی‌تواند در یک مسکن طبیعی همزیستی نامحدود داشته باشد.

d. موارد b و c

٦. انگل‌ها:

a. متمایلند میزبان خود را از بین ببرند. b. می‌توانند میزبان جدید را از بین ببرند.

c. از بافتهای میزبان تغذیه می‌کنند. d. موارد b و c

٧. مکان آشفتهٔ یک اجتماع در ———— بهبودی یافته و دوباره به سمت نقطهٔ اوج حرکت می‌کند.

a. اثر منطقه (* Area effect) b. اثر فاصله (* Distance effect)

c. جانشینی اولیه (* Primary succession) d. جانشینی ثانویه (* Secondary succession)

٨. تنوع زیستی یک منطقه نتیجهٔ ———— می‌باشد.

a. اختلاف در آب و هوا و توپوگرافی

b. پراکندگی های احتمالی

c. تکامل تاریخی

d. موارد a و b

e. موارد a تا c

٩. عبارات ذیل را با مناسبترین توضیح مطابقت دهید.

a. ساکنین فرصت طلب مناطق آشفته و لم یزرع ———— geographic dispersal

b. بر ساختار جامعه حکمفرما است. ———— Area effect

c. افرایکه موطن خود را ترک و در مکانی دیگر بطور موفقیت آمیز استقرار می یابند ———— pioneer species

d. بین جزایر بزرگ و کوچک که به فواصل مساوی از منابع قرار دارد،جزایر بزرگتر
از تنوع زیستی بالاتری برخوردارند. ———— climax community

e. آرایش استوار و دائمی گونه ها ———— keystone species

فصل ٤٣ اکوسیستم ها

مفاهیم اصلی

۱. اکوسیستم ارتباط موجود زنده (تولید کنندگان، مصرف کنندگان، تجزیه کنندگان، و ریزه خوارها) با محیط اطرافشان است که شامل نیروهای مصرف شده، انتقالات داخلی، و تولید انرژی و مواد میشود.

۲. جریان انرژی و گردش مواد بین موجودات در هر اکوسیستم یکطرفه است. نور خورشید تقریبا اولین منبع انرژی برای همهٔ اکوسیستمها میباشد. فتواتوتروف ها که تولید کنندگان اولیه اکوسیستمها هستند انرژی خورشید را به اشکال دیگر مانند انرژی پیوند شیمیائی ATP تبدیل میکنند. همچنین مواد غذائی مورد نیاز هتروتروف ها را در بدن جذب میکنند. استعداد تولید اولیه، سرعت بدام انداختن و ذخیرهٔ مقدار معین انرژی در مدتی معین توسط تولید کنندگان اولیه میباشد. استعداد تولید خالص اولیه سرعت ذخیره شدن مازاد انرژی در تولید کنندگان پس از انرژی آزاد شده از طریق تنفس هوازی میباشد.

۳. ارتباط غذائی در اکوسیستم ها بصورت سطوح تغذیه سازماندهی میشود. تولید کنندگان اولیه در اولین سطح و مصرف کنندگان در سطوح غذائی بالاتر قرار میگیرند. علفخواران مصرف کنندگان سطح دوم میباشند که از جلبکها و گیاهان تغذیه میکنند. گوشتخواران که علفخواران را میخورند در سطح بالاتر قرار میگیرند. انگلها مواد غذائی را از بافتهای میزبان زنده بدست می آورند. تجزیه کنندگان نیز مصرف کننده اند. اکثرشان مثل قارچها و باکتریها مواد غذائی را از بقایای آلی بدست می آورند. ریزه خوارها (detritivores) هتروتروف هائی هستند که بقایای در حال فساد و مردهٔ سایر موجودات را می خورند مثل خرچنگ و کرم خاکی. انسان و سایر همه چیزخواران از منابع غذائی متنوع استفاده میکند پس نمیتوان آنان را تنها به یک سطح غذائی اختصاص داد.

٤. زنجیرهٔ غذایی به مثابهٔ خط مستقیمی است که از طریق آن انرژی ذخیره شده در بافتهای اتوتروف به ترتیب به سطوح غذایی بالاتر انتقال داده میشود. اکثر زنجیره های غذائی بطور عرضی مرتبط شده و شبکه های غذائی را بوجود می آورد. در شبکهٔ غذایی علفخوار (Grazing food webs) انرژی از تولید کنندگان اولیه به علفخواران و سپس گوشتخواران انتقال داده میشود. در شبکه های غذایی ریزه ای (Detrital food webs) انرژی از تولید کنندگان اولیه به ریزه خواران و تجزیه کنندگان انتقال داده میشود. زنجیره های شبکه غذایی در محیط هایی که دما، شوری وسایر شرایط متغیر دارد کوتاه و در محیط های ثابت مثل بخشهای اقیانوس عمیق طولانی ترند.

۵. شکل زیر جریان انرژی و گردش مواد غذایی در اکوسیستمها را خلاصه میکند.

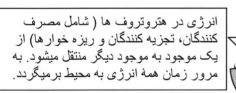

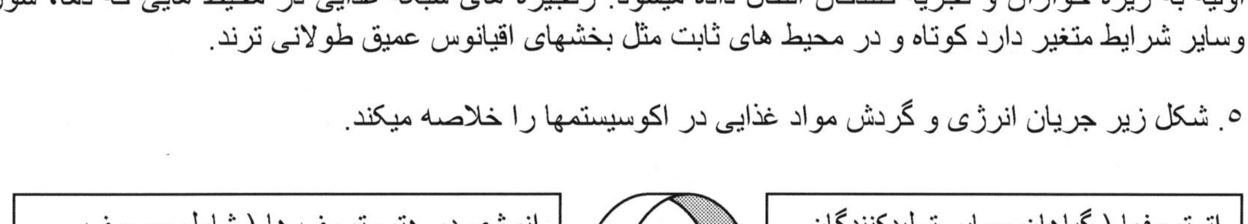

اتوتروفها (گیاهان وسایر تولیدکنندگان اولیه) مقداری از انرژی خورشید را بدام انداخته و آن را تبدیل، استفاده، یا ذخیره میکند.
انرژی در هتروتروف ها (شامل مصرف کنندگان، تجزیه کنندگان و ریزه خوارها) از یک موجود به موجود دیگر منتقل میشود. به مرور زمان همهٔ انرژی به محیط برمیگردد.

شکل ٤٣.١ جریان انرژی و گردش مواد غذایی در اکوسیستمها

٦. اکثر انرژی وارد شده به یک شبکهٔ غذایی در طی زمان به شکل انرژی حرارتی سوخت و ساز از دست میرود. مواد مغذّی در شبکه های غذایی دورزده و مقداری از آن به محیط از دست میرود. آب، کربن، نیتروژن، فسفر، و سایر مواد مورد نیاز تولید اولیه از راه چرخه های ژئوشیمی در سطح مقیاس جهانی حرکت داده میشود. یون ها از مخازن آب محیط حرکت کرده و وارد شبکه های غذائی میشود و سپس به مخازن آبی باز می گردد. کربن و نیتروژن در گاز های دی اکسید کربن و نیتروژن، و فسفر به فرم جامد در لایهٔ سطحی زمین ذخیره شده است. باکتریهای تثبیت کنندهٔ نیتروژن N_2 را به آمونیاک و نیترات تبدیل کرده که تولید کنندگان آن را جذب میکنند مثل همزیستی میکوریزا و گره های ریشه.

۷. فعالیت های انسانی اکوسیستم ها را از مواد مغذی تهی میسازد مثل خاک جنگلهای استوائی که دیگر قابل زراعت نیست یا فرآیند غنی سازی آب از مواد مغذی (Eutrophication). این فعالیت ها مواد مغذی را به اکوسیستمهای آبی که بطور طبیعی مواد مغذی کمی دارد اضافه کرده و موجب رونق و توسعهٔ جلبک های زیان آور میشود. احتراق سوختهای فسیلی، بریدن درختان، و تبدیل اکوسیستمهای طبیعی به محصولات و چراگاهها بر موازنه کربن در جهان اثر میگذارد. دی اکسید کربن مانند اُزُن، کلروفلوروکربن ها (CFCs) و اکسید نیتروژن (N_2O) یک گاز گلخانه ای است. احتراق سوخت های فسیلی و سایر فعالیت های بشر با وارد کردن کربن به اتمسفر گرمای جهانی را افزایش میدهد.

خودآزمائی Self-Quiz

۱. اکوسیستم ها:

a. تولید و مصرف انرژی دارد.

b. یک سطح غذایی دارد.

c. چرخهٔ مواد مغذی دارد ولی تولیداتی ندارد.

d. موارد a وb

۲. سطوح غذایی (Trophic levels):

a. ارتباطات غذایی سازمان یافته میباشد.

b. نشان میدهد که در یک اکوسیستم هر موجود از چه موجودی تغذیه میکند.

c. سلسله مراتب انتقال انرژی اند.

d. همهٔ موارد

۳. استعداد تولید اولیه در خشکی تحت تأثیر——— قرار دارد.

a. فتوسنتز و تنفس گیاهی

b. گیاهانی که مصرف شده و تجزیه نمیشوند.

c. دما و باران

d. همهٔ موارد

٤. عبارات اکوسیستمی ذیل را با توضیح مناسب آن مطابقت دهید.

a. گیاهخواران، گوشتخواران، همه چیزخواران ——— producers

b. از مواد نسبتا پوسیده تغذیه میکنند. ——— consumers

c. فاسد کنندهٔ بقایای آلی ——— decomposers

d. فتواتوتروف ها ——— detritivores

فصل ٤٤ زیست کُره

مفاهیم اصلی

١. زیست کُره (biosphere) جو تحتانی، آبهای زمین، و بخشهای فوقانی سطح زمین را که موجودات زنده در آن ساکنند در بر دارد. جریان انرژی در بیوسفر یکطرفه است. مواد در بیوسفر در مقیاس وسیع حرکت کرده و اکوسیستمهای هر مکان را تحت تأثیر قرار میدهد. توزیع گونه ها در آن پیامد تاریخ زمین، آب و هوا، کیفیت فیزیکی هر مکان و تداخل گونه هاست.

٢. منظور از " آب وهوا" شرایط جوی مثل دما، رطوبت، سرعت باد، پوشش ابر و ریزش باران می باشد. این شرایط پیامد اختلاف در میزان تشعشع خورشید در مناطق استوایی و قطبی، چرخش روزانهٔ زمین، گردش سالانهٔ زمین به دور خورشید، پراکندگی قاره ها و دریاها، تداخل جریانهای هوائی، جریانهای اقیانوسی، و ارتفاع خشکی ها میباشد. نوع آب وهوا، رشد و توزیع تولید کنندگان اولیه، پراکندگی اکوسیستم ها و ترکیبات رسوبی و خاک را تحت تأثیر قرار میدهد.

٣. بیوم (Biome) منطقهٔ وسیعی است که اکوسیستم ها سرحدات آن را تعیین میکند. بیوم ها اکوسیستمهای اصلی خشکی هستند که از نظر آب و هوا و ترکیبات خاک با هم متفاوتند. انواع بیوم عبارتند از: بیابانها، سرزمینهای خشک بوته دار، سرزمینهای خشک جنگلی، مرغزارها، جنگلهای برگ پهن مثل جنگلهای استوایی، جنگلهای کاجدار، و توندرا (Taundra*). مجزا شدن قلمروهای بومی از طریق اقیانوسها، رشته کوهها و مرزهای بیابانی جریان ژنی آن را محدود میکند.

٤. بیش از ٧١ درصد سطح زمین را آب فرا میگیرد و شامل آبهای شیرین ساکن (دریاچه ها)، آبهای شیرین جاری (نهرها)، دریاها و اقیانوسها میباشد. مراتب نفوذ نور، دما، شوری و گازهای محلول در اکوسیستمهای آبی متفاوت است. این عوامل در شبانه روز و فصول تغییر کرده و بر تولید اولیه تأثیر می گذارد.

خودآزمائی Self-Quiz

١. انرژی نورانی خورشید موجب پراکندگی سیستم آب وهوایی زمین شده و بر ـــــــ تأثیر میگذارد.
a. دما
b. ریزش باران
c. تغییر فصول
d. همهٔ موارد

٢. ـــــــ پوششی محافظ در برابر امواج ماوراء بنفش است.
a. جو فوقانی
b. جو تحتانی
c. لایهٔ اُزُن
d. اثر گلخانه ای

٣. اختلاف دما و ریزش باران در مناطق جهان به ـــــــ بستگی دارد.
a. جریانات هوائی
b. جریانات اقیانوسی
c. کیفیت فیزیکی هر ناحیه
d. همهٔ موارد

٤. باران سایه ای (rain shadow) کاهش ریزش باران در ـــــــ رشته کوهها است که نتیجهٔ آن بروز شرایط خشک و بدون کاشت یا نیمه کاشت است.
a. سمت باد خور (windward side)
b. سمت باد پناه (leeward side)
c. نقاط مرتفع
d. نقاط پست

٥. قلمروی جغرافیائی:
a. قلمروی آبی و خشکی هستند.
b. شش قلمروی خشکی هستند.

c. به بیوم ها تقسیم میشوند.

d. موارد b و c

٦. پراکندگی بیوم ها بطور تقریبی به اختلاف منطقه ای ــــــــ مربوط میشود.

a. آب و هوا   b. خاک   c. کیفیات فیزیکی   d. همهٔ موارد

٧. گیاهان ــــــــ با حریق حاصل از صاعقه سازش یافته اند.

a. سرزمینهای خشک و بوته دار   b. مرغزارها

c. جنگلهای کاجدار جنوبی   d. همهٔ موارد

٨. در ــــــــ آبهای غنی از مواد مغذّی مناطق عمیق به سطح آورده میشود.

a. بازگشت بهار   b. بازگشت پاییز

c. حرکات رو به بالا   d. همهٔ موارد

٩. عبارات ذیل را با توضیح مناسب آن مطابقت دهید.

ـــــــ boreal forest

a. تولید آن فراوان و به علت دارا بودن چرخهٔ سریع مواد مغذی ذخایر آن اندک است.

ـــــــ permafrost

b. جنگل باطلاقی

ـــــــ chaparral

c. سرزمین خشک و بوته دار

ـــــــ tropical rain forest

d. توندرای قطبی

ـــــــ marine snow

e. حرکت رو به بالای آبهای عمیق و سرد اقیانوس که سرشار از مواد مغذّی است.

ـــــــ upwelling

f. صخره ها و رسوبات کف اقیانوس

ـــــــ eutrophication

g. آب رودخانه و دریا در این مکان محصور تلاقی میکند.

ـــــــ estuary

h. فرآیندی که آب سرشار از مواد مغذّی است، شفافیت آن کاهش یافته و فیتوپلانکتونها در آن رشد و نمو می یابد.

ـــــــ benthic province

i. مواد آلی ساخته شده توسط باکتریهای فتوسنتز کنندهٔ نزدیک سطح اقیانوس (اولتراپلانکتونها) پایه و اساس شبکه های غذایی در اقیانوس است.

فصل ٤٥ تاثیر انسان بر زیست کُره

مفاهیم اصلی

۱. جمعیت انسانی از نیمهٔ قرن هجدهم تاکنون رشد سرسام آوری داشته است. رُشد فوق العاده سریع جمعیت انسان با افزایش درخواست انرژی و آلودگی محیط همراه است.

۲. اکوسیستم ها هیچگونه تجربه ای از انواع آلوده کننده ها نداشته و بنابراین هیچ مکانیسمی برای جذب و گردش آن ندارند. بسیاری از آلوده کننده ها نتیجهٔ فعالیت های انسانی بوده و اثرات زیان آوری بر سلامت موجودات زنده و فعالیت و بقای آنان دارد.

۳. مه دود شکلی از آلودگی هواست که در مناطق شهری و صنعتی که از سوخت های فسیلی استفاده میکنند ایجاد میشود. مه دود موجب وارونه سازی گرمایی میشود یعنی یک لایه هوای سرد و متراکم زیر لایهٔ هوای گرم قرار میگیرد. مه دود صنعتی در مناطق صنعتی که زغال سنگ می سوزاند و زمستانهای مرطوب دارد و مه دود فتوشیمیایی در شهرهای بزرگ با آب و هوای گرم و اتوموبیل های سوختی تشکیل میشود.
نور خورشید موجب ترکیب شدن اکسید نیترات اتوموبیل ها با هیدروکربنها شده و اکسید کننده های فتوشیمیایی مانند PAN ها (پروکسی اسیل نیترات ها) را بوجود می آورد.

آلوده کننده های اسیدی مثل اکسید نیتروژن و گوگرد در آب و هوای خشک بصورت نهشت های (deposition) خشک اسیدی و در صورت حل شدن در آب جو بصورت نهشت های مرطوب اسیدی یا باران اسیدی سرازیر میشود.

لایهٔ اُزن در حال نازک شدن است زیرا کلروفلوئوروکربن ها (CFCs) به طبقهٔ فوقانی جو صعود کرده و آنجا را از ازن خالی میکند و موجب میشود که تشعشع زیانبار ماوراء بنفش نور خورشید به زمین برسد.

٤. سطح خشکی ها به دلایل زیر در حال فرسایش است:
a. سوزاندن و دفن مواد زائد به جای تلاش در استفادهٔ مجدّد و بازگرداندن آنها به چرخهٔ طبیعت
b. تخریب و نابودی بیوم های جنگلی یا جنگل زدائی
c. تغییر و تبدیل مرغزارها، زمین های مزروعی، و چراگاههای طبیعی به شرایط بیابانی

٥. رشد جمعیت انسانی به توسعه و گسترش کشاورزی، آبیاری فراوان، کاربرد وسیع کودها، و سموم دفع آفات بستگی دارد. ذخایر آبهای شیرین جهان محدودند و بوسیلهٔ رسوبات کشاورزی، سموم دفع آفات، کودها، مواد زائد صنعتی و فاضلاب های انسانی آلوده میشوند.

٦. انرژی سوخت های فسیلی تجدید ناپذیر است. این انرژی بتدریج کاهش یافته و استخراج آن در محیط هزینه بر میدارد. انرژی هسته ای آلودگی کمتری دارد ولی خطر سوخت و ذخیرهٔ مواد زائد حاصل از آن زیاد است. به علت رشد سریع جمعیت انسانی سایر انرژی ها مثل انرژی باد و انرژی خورشید باید بزودی مورد استفاده قرار گیرد.

خودآزمائی Self-Quiz

۱. در چند قرن اخیر رشد جمعیت انسان:
a. یکنواخت بوده است.
b. آرام بوده است.
c. سریع بوده است.
d. چشمگیر نبوده است.

۲. آلوده کننده ها اکوسیستم ها را متلاشی میکند زیرا:
a. اجزاء آنها با اجزاء مواد طبیعی تفاوت دارد.
b. فقط مورد استفادهٔ انسان قرار میگیرد.

c. مکانیسم تکامل یافته ای برای مقابله با آنها وجود ندارد.
d. فقط اکوسیستم ها را تحت تأثیر قرار میدهند.

۳. لایهٔ هوای ـــــــ در زیر لایهٔ هوای ـــــــ در طی وارونه سازی گرمایی قرار میگیرد.
a. گرم؛ سرد b. سرد؛ گرم c. گرم؛ دوده ای d. سرد؛ دوده ای

٤. ـــــــ مثال آلودگی هوای منطقه است.
a. مه دود
b. باران اسیدی
c. نازک شدن لایهٔ اُزن
d. موارد aوb

٥. ـــــــ مثال آلودگی هواست که بر جهان تأثیر میگذارد.
a. مه دود
b. باران اسیدی
c. نازک شدن لایهٔ اُزن
d. موارد aوb

٦. سالیانه، دو سوم آبهای شیرین جهان مورد استفادهٔ ـــــــ قرار میگیرد.
a. مراکز شهری b. کشاورزی c. امکانات درمانی d. موارد aوc

۷. اشباع کامل زمین با آب ـــــــ خوانده میشود.
a. آب های زمینی
b. طبقه ای از زمین که محتوی آب است.
c. صفحهٔ آب (the water table)
d. حد نمک سودی (the salinization limit)

۸. انرژی سوختهای فسیلی ـــــــ است؛ استخراج و استفادهٔ آنها در محیط هزینهٔ ـــــــ در بردارد.
a. قابل تجدید؛ کمی
b. غیرقابل تجدید؛ کمی
c. قابل تجدید؛ زیادی
d. غیرقابل تجدید؛ زیادی

۹. انرژی هسته ای نسبت به سوختهای فسیلی ـــــــ دربردارد.
a. آلودگی و خطرات کم
b. آلودگی و خطرات زیاد
c. آلودگی زیاد و خطرات کم
d. آلودگی کم و خطرات زیاد

۱۰. عبارات زیر را با مناسبترین توضیح مطابقت دهید.
a. احتمالا یکی از بهترین راهکارها ـــــــ desertification
b. نابودی خاک و خسارت به آب پخشان (watershed) که نتیجهٔ آن تغییر ریزش باران است. ـــــــ deforestation
c. تلاش در به آوری تولید محصول در زمین ـــــــ green revolution
d. تبدیل چمنزارهای طبیعی به وضعیت بیابانی ـــــــ solar- hydrogen energy
e. ترکیبات بی بو و نامرئی که موجب نازکی لایهٔ اُزن میشود. ـــــــ CFCs

پاسخ ها:

فصل ۱

۱. متابولیسم
۲. هومئوستازي
۳. سلول
۴. سازوارپذیر، قابل انطباق adaptive
۵. جهش ها mutations
۶. d
۷. d
۸. d
۹. d
۱۰. c
۱۱. a
۱۲. به ترتیب از بالا به پائین: c
e
d
b
a

فصل ۲

۱. b
۲. c
۳. e
۴. e
۵. f
۶. اسید، باز
۷. به ترتیب ازبالا به پائین: c
a
b
d

فصل ۳

۱. d
۲. e
۳. f
b.۴
۵. d
۶. d
۷. d
۸. به ترتیب ازبالا به پائین: c
e
b
d
a

فصل ۴

۱. c
۲. d
۳. d
۴. نادرست، زیرا بسیاري از سلولها دیوارهَ سلولي هم دارند.
۵. c
۶. به ترتیب از بالا به پائین: e
d
a
b
c

فصل ۵

۱. d
۲. a
۳. d
۴. b
۵. به ترتیب از بالا به پائین: c
g
a
d
e
b
f

فصل ۶

۱ . CO_2، نور خورشید
۲. d
۳. b
۴. c
۵. d
۶. e
۷. c
۸. c
۹. به ترتیب از بالا به پائین: d
e
a
b
c

فصل ۷

۱. d
۲. c
۳. b
۴. c
۵. d
۶. c
۷. b
۸. d
۹. به ترتیب از بالا به پائین: b
c
a
d

فصل ۸

۱. d
۲. b
۳. c
۴. a
۵. c
۶. a
۷. b
۸. به ترتیب از بالا به پائین: d
b
c
a

فصل ۹

۱. d
۲. a
۳. d
۴. b
۵. d
۶. c
۷. c
۸. d
۹. به ترتیب از بالا به پائین: d
a
c
b

فصل ۱۰

۱. a
۲. b
۳. a
۴. b
۵. c
۶. a
۷. d
۸. به ترتیب ازبالا به پائین: b
d
a
c

فصل ۱۱

۱. c
۲. c
۳. d
۴. a
۵. e
۶. c
۷. d
۸. به ترتیب ازبالا به پائین: c
e
d
b
a
f

فصل ۱۲

۱. c
۲. d
۳. d
۴. c
۵. a

۶. d
۷. به ترتیب از بالا به پائین: d
b
c
a

فصل ۱۳

۱. c
۲. b
۳. c
۴. c
۵. a

۶. a
۷. به ترتیب از بالا به پائین: e
c
a
f
d
g
b

فصل ۱۴

۱. d
۲. d
۳. d
۴. a
۵. c

۶. a
۷. d
۸. b
۹. d
۱۰. b

۱۱. b
۱۲. به ترتیب از بالا به پائین: d
e
b
a
c

فصل ۱۵

۱. d
۲. c
۳. پلاسمیدها
۴. a
۵. b

۶. a
۷. b
۸. d

۹. به ترتیب از بالا به پائین: d
c
f
e
b
a

فصل ۱۶

۱. b
۲. d
۳. جمعیت‌ها
۴. d
۵. c

۶. c
۷. b
۸. c

۹. به ترتیب از بالا به پائین: c
d
a
b

فصل ۱۷

۱. d
۲. d
۳. c
۴. c
۵. b

۶. به ترتیب از بالا به پائین: c
e
a
d
b

فصل ۱۸

a .۱
c .۲
c .۳
c .۴
d .۵

۶. به ترتیب از بالا به پائین: e
b
f
c
a
d

فصل ۱۹

e .۱
b .۲
d .۳
c .۴
d .۵

d .۶

۷. به ترتیب از بالا به پائین: b
d
e
a
c

فصل ۲۰

c .۱
c .۲
a .۳
c .۴
a .۵

a .۶
a .۷
f .۸
a .۹
d .۱۰

۱۱. به ترتیب از بالا به پائین: d
e
b
c
a

فصل ۲۱

b .۱
a .۲
a .۳
c .۴
c .۵

۶. به ترتیب از بالا به پائین: e
c
d
a
b
f

فصل ۲۲

d .۱
c .۲
b .۳
c .۴
b .۵

۶. به ترتیب از بالا به پائین: c
e
g
h
f
a
b
d

فصل ۲۳

۱. b
۲. c
۳. c
۴. c
۵. b
۶. b
۷. a
۸. به ترتیب ازبالا به پائین: d
f
c
g
e
i
j
h
a
b

فصل ۲۴

۱. d
۲. e
۳. d
۴. b
۵. b
۶. d
۷. f
۸. e
۹. d
۱۰. d
۱۱.e
۱۲. a
۱۳. به ترتیب از بالا به پایین:d
e
c
b
g
f
a

فصل ۲۵

۱. b
۲. d
۳. d
۴. a

فصل ۲۶

۱. a
۲. d
۳. a
۴. b
۵. c
۶. d
۷. c
۸. d
۹. به ترتیب از بالا به پائین: b
d
e
c
f
a

فصل ۲۷

۱. e
۲. c
۳. b
۴. a
۵. پیوندهای هیدروژنی
۶. c
۷. d
۸. a
۹. d
۱۰. b
۱۱. به ترتیب از بالا به پائین: c
g
e
b
d
a
f

فصل ۲۸

۱. گرده افشانی
۲. a
۳. b
۴. b
۵. b
۶. c
۷. c
۸. c
۹. e
۱۰. d
۱۱. c
۱۲. به ترتیب از بالا به پائین: a
c
d
e
b

فصل ۲۹

۱. a
۲. b
۳. b
۴. b
۵. c
۶. c
۷. d
۸. d
۹. c
۱۰. a
۱۱. گیرنده های حسی؛ ائتلاف دهنده ؛ اجرا کننده ها
۱۲. به ترتیب از بالا به پائین: b
h
a
c
f
g
e
d

فصل ۳۰

۱. d
۲. d
۳. a
۴. d
۵. خیر. ماده سفید و خاکستری اجزاء تشکیل دهندهٔ مغز نیز می باشند.
۶. به ترتیب از بالا به پائین: b
d
a
c

۷. به ترتیب از بالا به پائین: e
d
b
c
a

فصل ۳۱

۱. محرک یا stimulus
۲. احساس یا sensation
۳. تفسیر یا perception
٤. d
٥. b
۶. b
۷. c
۸. d
۹. b
۱۰. c
۱۱. به ترتیب از بالا به پائین: e
c
b
d
a

فصل ۳۲

۱. f
۲. d
۳. c
۴. b
۵. a
۶. e
۷. b
۸. b
۹. به ترتیب از بالا به پائین: d
f
c
e
a
b

فصل ۳۳

۱. c
۲. d
۳. d
٤. b
۵. d
۶. d
۷. به ترتیب از بالا به پائین: h
f
g
e
a
c
b
i
d

فصل ۳٤

۱. c
۲. d
۳. d
٤. c
٥. c
۶. d
۷. b
۸. c
۹. c
۱۰. به ترتیب از بالا به پائین: e
b
a
d
c

۱۱. به ترتیب از بالا به پائین: d
e
a
f
c
b

فصل ۳٥

۱. e
۲. f
۳. b
٤. d
٥. d
۶. d
۷. d
۸. a
۹. b
۱۰. به ترتیب از بالا به پائین: c
b
a
e
f
d

فصل ۳٦

۱. a
۲. d
۳. d
۴. b
۶. d
۷. c
۸. c
۹. c
۱۱. به ترتیب از بالا به پائین: d
g
f
e

۵. c

۱۰. c
a
c
b

فصل ۳۷

۱. e
۲. d
۳. b
٤. c
٥. b

۶. a
۷. a
۸. d
۹. کالری (انرژی)

۱۰. به ترتیب از بالا به پائین: d
c
e
g
f
a
b

فصل ۳۸

۱. d
۲. f
۳. a
۴. b
۵. c

۶. d
۷. a
۸. b

۹. به ترتیب از بالا به پائین: d
e
a
c
b
k
j
l
g
h
i
f

فصل ۳۹

۱. a
۲. c
۳. d
۴. c
۵. c

۶. به ترتیب از بالا به پائین: d
a
f
e
c
b

فصل ٤٠

۱. اکولوژی
۲. جمعیت
۳. e
۴. a
۵. a

۶. d
۷. e
۸. f

۹. به ترتیب از بالا به پائین: c
d
a
e
b

فصل ٤١

۱. a
۲. d
۳. b
۴. a
۵. d

۶. به ترتیب از بالا به پائین: c
d
b
a

فصل ٤٢

۱. e
۲. b
۳. e
۴. d
۵. b
۶. d
۷. d
۸. e
۹. به ترتیب از بالا به پائین: c
d
a
e
b

فصل ٤٣

۱. a
۲. d
۳. d
٤. به ترتیب از بالا به پائین: d
a
c
b

فصل ٤٤

۱. d
۲. c
۳. d
۴. b
۵. d
۶. d
۷. d
۸. d
۹. به ترتیب از بالا به پائین: b
d
c
a
i
e
h
g
f

فصل ٤٥

۱. c
۲. c
۳. b
٤. d
٥. c
۶. b
۷. c
۸. d
۹. d
۱۰. به ترتیب از بالا به پائین: d
b
c
a
e

Terminology واژه نامه

A

ACTH= adrenocorticotrophic hormone, corticotrophin

Activated Cytotoxic T Cells

این سلولها مُجریان (effectors) هائی هستند که با آزاد کردن مواد شیمیائی غشاء پلاسمائی سلول مورد هدف خود را سوراخ می کند. سلولهای کُشندهٔ طبیعی (Natural Killer Cells or NK)هم به همین ترتیب عمل میکند.

ADH= antidiuretic hormone

Archenteron

حفره اي است که در مرحله گاسترولاي جنین جانوران نمو مي یابد. همه یا بخشي از آن در نهایت حفره احشائي را بوجود مي آورد. از طریق روزنه اي به نام بلاستوپور به خارج مربوط میشود. بلاستوپور میتواند دهان، دهان و مخرج، یا مخرج را در جانوران بسازد.

Area effect

عقیده ای که بیان میدارد جزایر بزرگتر گونه های بیشتری را نسبت به جزایر کوچکتر حمایت می کنند و این در صورتیست که هر دو جزیره در فاصله ای مساوی از منابع گونه های ساکن قرار دارد.

Arterioles (شریانچه یا سرخرگچه)

رگ خونی کوچک و ماهیچه ای که غذا را از سرخرگها دریافت کرده و به مویرگها انتقال میدهد.

B

Buffer system (سیستم بافر)

همکاري میان يك اسید ضعیف وبازي است که براثرحل شدن آن اسید درآب بوجود مي آید تا درمقابل تغییرات اندك pH مقابله کنند. مثال: اثراسید کربنیك (H_2Co_3) درخون.

وقتیکه غلظت یون H^+ درخون پایین مي آید : $H_2Co_3 \longrightarrow HCo_3^- + H^+$

(بي کربنات) (اسید کربنیك)

وقتي غلظت یون H^+ درخون بالا میرود : $HCo_3^- + H^+ \longrightarrow H_2Co_3$

C

C_3 Plants

گیاهاني که از PGA سه کربنه بعنوان اولین مادهَ واسطه در تثبیت کربن استفاده مي کنند.

C_4 Plants

گیاهاني که از اُگزالواستات (ترکیب ٤ کربنه) بعنوان اولین ماده واسطه در تثبیت کربن استفاده میکنند. CO_2 دو دفعه در دو نوع سلول تثبیت مي شود که به مقابله با تنفس نوري کمك میکند.

CAM Plants

گیاهاني که با باز کردن روزنه ها در شب آب را ذخیره و دي اکسید کربن را از راه مسیر C_4 تثبیت میکند.

D

Distance effect

عقیده ای که بیان میدارد تنها گونه هائی میتواند در جزایر دوردست ساکن شود که با پراکندگی های دوردست سازش یافته اند.

E

Embryonic induction

آزاد شدن محصول ژنی یک بافت در حال رشد که بر توسعه و نمو بافت مجاور اثر میکند.

Epinephrine= adrenaline

هورمون بخش مرکزی غده فوق کلیه که سطح قند و اسیدهای چرب خون و سرعت و قدرت انقباض قلب را افزایش میدهد.

Erythropoietin

هورمونی که توسط سلولهای کلیه ترشح شده و سلول های stem در مغز استخوان را تحریک می کند تا گلبولهای قرمز بیشتری بسازد.

F

FSH= Follicle- stimulating hormone

G

Germ cell (سلول زایشي)

سلول جانوري يك سلسله که مختص تولید مثل جنسي بوده و گامت ها را بوجود مي آورد.

GnRH= gonadotropin- releasing hormone

هورمون هیپوتالاموسی که ترشح گونادوتروپین های LHو FSH در بخش جلویی غدهٔ هیپوفیز را تحریک میکند.

H

Hardwood

نوعی چوب محکم و متراکم که در بافت چوبی خود مجرا، تراکئید و فیبرهای فراوان دارد، مانند بلوط، گردوی آمریکایی و سایر درختان دولپه ای.

Heartwood
بافت خشکی که در مغز ساقه ها و ریشه های مسن قرار داشته و دیگر آب و مواد محلول را انتقال نمی دهد، به درخت در مقابل کشش زمین مقاومت می بخشد و بعضی از مواد متابولیکی در آنجا انبار میشود.

Homeotic genes
از ژن های ارشد جانوری که محصولات آن بر یکدیگر و بر عوامل کنترل کننده اثر کرده و طرح بدنی جانور را ترسیم میکند.

Housekeeping (تدبیر منزل یا خانه داری)
بعضی از گلبولهای سفید مثل مونوسیت ها از بافتها نگهبانی میکند به این ترتیب که سلولهای آسیب دیده یا مرده و هر چیز که از نظر شیمیایی بیگانه محسوب شود میبلعد.

Hydrolysis (هيدروليز)
واكنش تجزيه كه پيوندهاي كووالانت را مي شكند ويك مولكول را به دو يا چند بخش تقسيم ميكند. H^+و OH^- مولكول آب غالبا به جايگاههاي پيوندي كه به تازگي آزاد شده متصل ميشود.

Hydrostatic skeleton (اسكلت هيدروستاتيك)
يك حفره پرمايع يا توده سلولي كه سلولهاي قابل انقباض بر آن اثر ميكند.

L

LH= Luteinizing hormone

M

Macronutrients
شامل ۹ عنصر ضروری اند که بیش از ۰/۵٪ وزن خشک گیاه را در بر می گیرد و عبارتند از: کربن، هیدروژن، اکسیژن، نیتروژن، پتاسیم، کلسیم، منیزیم، فسفر، گوگرد.

MHC (Major Histocompatibility Complex)
مولکولهای پروتئینی که از غشاء پلاسمائی بیرون میزند. در صورت جفت شدن با آنتی ژن سلولهای T را با صدور علائم شیمیائی فعال میکند.

Micronutrients
چند میلیونیوم وزن خشک گیاه را میسازد و برای رشد طبیعی گیاه ضروری اند و شامل عناصر کلر، آهن، بُر، منگنز، روی، مس، و مولیبدنوم میباشد.

Mycorrhizae
نوعی همزیستی بین ریسهٔ قارچ و ریشهٔ گیاه جوان میباشد. گیاه مقداری هیدرات کربن و قارچ مقداری از یونهای معدنی جذب شدهٔ خود را در اختیار میگذارد.

N

Negative feedback
در فیدبک منفی، افزایش غلظت یک هورمون واکنشهائی را موجب میشود که ترشح بیشتر آن هورمون را **مهار میکند**.

P

Parthenogenesis
یا بکرزائی. در این روش جنین بدون ترکیب و امتزاج هسته ای یا سلولی رشد میکند؛ مثلا از یک تخم هاپلوئید لقاح نیافته یا بافت اطراف کیسه جنینی. مثال: پرتقال، رُز.

Phosphorylation(فسفریلاسیون)
معرفي گروه فسفات به يك مولكول حياتي است كه عموما با يك آنزيم فسفريلاز كنترل مي شود. فسفات به آساني ميتواند با تركيبات آلي فاقد جنبش تركيب شده و آنها را از نظر شيميائي فعال كند. در بسياري از واكنشهاي بيوشيميائي فسفريلاسيون اولين مرحله است. در دو مسير عمدهَ واكنشهاي فسفريلاسيون يعني فسفريلاسيون اكسايشي و فوتوفسفريلاسيون AMPو ADP به ATP تبديل مي شود. فسفريلاسيون اكسايشي در ميتوكندريها بوقوع مي پيوندد و فوتو فسفريلاسيون در غشاى تيلاكوئيدي كلروپلاست.

Photolysis
واكنشهاي پی در پی كه در آن مولكولهاي آب بوسيلهٔ انرژي فوتون شكسته ميشود. هيدروژن آزاد شده و الكترون ها در مسير غير چرخه اي فتوسنتز استفاده ميشود. اكسيژن بعنوان يك محصول فرعي آزاد ميشود.

Photoperiodism
واکنش یک موجود به تغییر طول روز(یا فتوپریود) است. بسیاری از واکنشهای گیاه بوسیله طول روز کنترل میشود که برجسته ترین آن گل دهی است. بنظر میرسد که ساعت بیولوژیکی و رنگدانهٔ فیتوکروم در تنظیم پاسخهای فتوپریودیسم دخالت دارند.

Photosystem (فتوسيستم)
گروهي از رنگدانه هاي غشاء فتوسنتز كننده كه نور را بدام مي اندازد.

Pineal gland (غده صنوبری یا پینه آل)
غده درون ریزی که به نور حساس است. ترشحات ملاتونین آن بر ساعت بیولوژیکی و چرخه های تولید مثل اثر میگذارد. مقدار ملاتونین در شب به حداکثر و در روز به حداقل میرسد.

Positive feedback
در فیدبک مثبت، افزایش غلظت یک هورمون واکنشهائی را موجب میشود که ترشح بیشتر آن هورمون را **تحریک میکند.**

Primary succession
فرآیندی است که با اشغال گونه های پیشگام در یک مسکن طبیعی لم یزرع مثل یک جزیرهٔ آتشفشانی یا زمینی که یخچال در آن عقب نشینی کرده آغاز میشود. گونه های پیشرو مثل گلسنگ ها و گیاهان کوچک چرخهٔ زندگی ساده داشته و با نور شدید خورشید، تغییر دما،و خاکی که کمبود مواد غذایی دارد سازش یافته اند. گیاهان گلدار با دوام در سالهای نخست دانه های فراوان تولید میکند که به سرعت انتشار می یابند.

PRL= Prolactin

Prostaglandin
گروهی از ترکیبات آلی که از اسیدهای چرب ضروری مشتق شده و یک سری نتایج فیزیولوژیکی در جانوران دارد. پروستاگلاندین ها در اکثر بافتهای بدن کشف شده اند. در غلظت های بسیار پایین موجب انقباض ماهیچهٔ صاف میشود. پروستاگلاندین ها ی طبیعی و ساختگی موجب سقط جنین یا زایمان در انسان و جانوران اهلی میشود. دو مشتق پروستاگلاندین آثار مخالف در گردش خون دارند: ترومبوکسان A2

موجب لخته شدن خون درحالیکه پروستاسایکلین موجب اتساع رگهای خونی میشود. پروستاگلاندین های آزاد شده از بافتها تورم ایجاد میکنند.

R

RuBP(ریبولوز بیسفسفات)

ترکیب آلي ٥ کربني که براي تثبیت کربن در چرخهَ کلوین-بنسون استفاده میشود و چرخه مجدداً آن را بوجود مي آورد.

S

Sapwood

رشد ثانوی در ساقه ها و ریشه های مُسن که بین کامبیوم آوندی و مغز درونی (heartwood) بوجود می آید. سلول های بافتی آن مرطوب و کمرنگ بوده و مثل heartwood سخت و محکم نیستند.

Second messenger

مولکول کوچک سیتوپلاسمی که علامت مجموعهٔ هورمون- گیرندهٔ غشاء پلاسمائی را به درون سلول تقویت میکند.

Secondary succession

شاخص کشتزارهای رها شده، جنگلهای سوخته، و نواحی جزر و مد دار است که در معرض طوفانهای پی در پی قرار گرفته اند و زمانی بوقوع میپیوندد که یک درخت افتاده در کف جنگل سایبانی تشکیل میدهد. نور خورشید به دانه ها و جوانه های روی زمین رسیده و رشد آنها را تحریک میکند.

Softwood

چوبی که تراکم کمتری داشته، دارای تراکئید و اشعه های پارانشیمی است ولی فیبر و مجرا ندارد. مثل کاج، درخت ماموت، و سایر مخروطیان.

Sporangium(اسپورانژیوم)

ساختار تولید مثل در گیاهان است که هاگ غیرجنسي تولید میکند. مگاسپورانژیوم مگاسپور تولید میکند که به گامتوفیت ماده تبدیل میشود که معادل آن در گیاهان دانه دار تخمك است. میکروسپورانژیوم میکروسپور تولید میکند که به گامتوفیت نر تبدیل میشودکه معادل آن کیسه گرده در گیاهان دانه دار است.

STH= Somatotropin (growth hormone)

Strip logging

در روش Strip logging راهروی بسیار باریکی که موازی یک زمین شیبدار است از درختان تهی میشود. بخش بالائی آن بصورت جاده ای برای حمل و نقل کُنده ها بکار میرود. سپس این راهرو از جنگل بکر بالای آن بطور خودرو سبز میشود.

Synovial membrane

غشائی که اطراف مفاصل آزاد و قابل حرکت را میپوشاند، مثل مفاصل آرنج و ران. این غشاء مایعی به نام مایع synovial ترشح میکند که رباطها و لایه های غضروفی مفاصل را لزج میسازد.

T

Taundra

بیومی که زهکشی زمین در آن کم بوده و دمای آن بسیار پایین است. فصل رشد در آن کوتاه بوده و پوسیدن و تجزیهٔ مواد اندک است. توندرای قطبی زمین هموار و بی درختی است که بین قطب شمال و جنگلهای شمالی قرار دارد. توندرای آلپی در ارتفاعات بلند کوههای جهان واقع است.

Thigmotropism or haptotropism

رشد اندام هوایی گیاه در تماس با یک موضع فیزیکی است؛ مثلا هنگامیکه پیچک نخود شیرین به یک قیّم برخورد کند به طرفش خمیده و اطرافش حلقه میزند.

Tissue culture propagation

یا بوجود آوردن یک موجود از یکی از سلولهای تمایزنیافتهٔ بافت والد. مثال: ثعلب، زنبق، گندم، برنج، ذرت، لاله.

Trace elements

هر عنصری که کمتر از ۰/۰۱٪ وزن بدن را بسازد.

True- breeding

در گونه هائي كه توليد مثل جنسي دارند، دودماني است كه در آن در طي نسل ها فقط يكي از ويرايش هاي يك صفت در والدين و فرزندان ظاهر مي شود.

TSH= Thyroid- stimulating hormone

U

Umami

مزه آبگوشتی و مطبوع پنیر کهنه به علت وجود گلوتامات در آن.

V

Vegetative growth

یا رشد رویشی. گیاه جدید از قطعات اضافی گیاه اصلی مثلا جوانه های کناری یا گره های ساقه های افقی بوجود می آید؛ مثل سیب زمینی و توت فرنگی.